Aristote
& nous

Bruno P.H. Leclercq

DÉDICACE

Je dédis ce livre à tous ceux qui, durant le dernier demi-siècle m'ont fait cadeau de la possibilité de consacrer une grande partie de mon temps à la recherche de liens quasi-mécaniques entre les phénomènes de notre petit univers, depuis la pluie jusqu'aux croyances les plus antiques.

Parmi ce groupe assez nombreux se détachent particulièrement Gilles Tremblay, Anne Falcimaigne, Alain Wuattier, Peggy Pashaian, Epitace Nobera, sans oublier Aviva.
Et tous ceux qui m'ont supporté par leur présence, patience, mots, sous, sans oublier ceux qui m'ont aidé par leur absence.

Pour tous, mentionnés ou pas : un grand Merci.

Nous resterons unis, on peut dire 'à jamais' ;

Mais ce serait un peu exagérer car un jour notre univers finira.

TABLE DES MATIERES

Prologue pour ceux qui veulent un résumé avant de lire l'histoire.

Cette description de l'univers diverge en de nombreux points importants des positions scientifiques communes du dernier siècle.

Est-ce à dire que la communauté scientifique est complètemenet dans l'erreur ?

Notre modèle enseigne des liens possibles entre des territoires considérés absolument séparés, certains même inexistants : ésotérisme, physique, biologie, évolution, religions…

Il y a une opposition directe entre notre description du monde matériel et celui de la science, de la Scifi.

Notre modèle n'est pas basé sur les mathématiques avancées et une grande partie de nos affirmations ne sont que des postulats, donc improuvées.

Mais les postulats que la Science leur oppose sont eux aussi débiles ou inexistants.

Nous disons inextistants parce que, par exemple, la Science ne se pose aucune question sur l'origine et la nature de l'électricité.

Nous affirmons que le photon est composé, qu'il a une partie concrète, réelle, le Vi.

Nous établissons les différences entre le réel et le matériel.

Le Vi est réel, concret, mais il n'est pas matériel. Il n'est pas matériel car il ne génère pas de gravitation.

Nous introduisons la notion de Ay, l'élément de base de tout ce qui est matériel.

Il semble que personne ne se soit rendu compte que l'électricité est un évènement, rien de concret, rien de permanent.

L'électricité a été créée.

Avant la Création il y avait le Ga et ses composants : Mu et RET , il y avait les granules, il y avait les Vis, tous présents avant le début.

Qu'est-ce qui fut créé ?

Les photons, les manques, les Ays, les neutrinos, l'électricité et le magnétisme.

Nous affirmons que notre univers a lieu dans une goutte d'écume quantique.

Nous enseignons, et ceci est Scifa, que le déplacement du spectre de la lumière est dû à la diminution de l'intensité de la gravitation universelle à mesure du temps qui passe. Autrement dit : il n'y a probablement pas la moindre expansion, conclusion qui s'accorde à la notion de goutte d'Oom.

Notre modèle explique comment et quand la gravitation est apparue. Il enseigne par quels processus la gravitation altère la vélocité de la lumière…

Nous ne sommes qu'art, vision et intuition.

Avec l'aide de la Science il sera possible de changer le monde.

A commencer par l'évaluation des systèmes de croyance, de la science et des religions.

REMERCIEMENTS

D'AVANCE

A

TOUS CEUX QUI AIDERONT A LA DIFFUSION
DE CETTE THEORIE.

1. Aristote & nous

ARISTOTE, GUIDE NOUS…

Tous les hommes par nature désirent la connaissance.

dit **Aristote**.

Mu par cette pensée
j'ai passé la majorité de ma vie à tout questionner, cherchant des liens logiques entre les choses.
Il faut dire que j'ai du mal à comprendre ce que les gens veulent dire ; eux le savent, mais leurs gestes et phrases sont des codes ambigus. Je dois faire un effort pour savoir ce qu'ils se communiquent, choisir entre plusieurs possibilités.
Ça fait bien rire ma fille Issis parce que, le plus souvent, le sens que je crois être le bon ne l'est pas.
Le bon côté de la chose c'est que je vois des sens là où la majorité ne voit rien, ne voit même pas de question.

Acceptez que je vous présente ma vision schématique de la Science, une version améliorée, et courte de mes deux derniers livres :

Kein Stein , et **Hawking**.

Pour l'Académie des Sciences, cette analyse, la présente description
n'est pas de la Science
rien de plus que de l'art.

Les mathématiques permettent de résoudre des problèmes sans qu'on comprenne nécessairement les causes de ce qu'on décrit.

Le mathématicien n'a peut-être aucune idée de la raison sous-jascente de ce qu'il analyse, souvent pour la seule raison qu'il ne s'en pose pas la question.

Einstein a élucidé de nombreux phénomènes en se servant des mathématiques, mais sans tenir la moindre idée de leur fondement.

La chute des feuilles : pourquoi ?

Pendant les belles saisons les arbres croissent rapidement en branches fines et s'étendent sur autant de surface que possible ; le but ? capter autant de lumière solaire que possible ; gagner la course contre les sapins. Le danger c'est la neige : elle se colle sur les feuilles, ce qui casse les branches ; l'arbre peut ainsi, d'un coup, perdre tout le profit des deux ou trois dernières années.

Et c'est pour éviter ce drame que les feuilles tombent avant les premières neiges, fin automne. La raison, c'est ça !

La gravitation : pourquoi, comment ?

Et la singularité ?

La mathématique, aujourd'hui ne s'encombre pas beaucoup de géométrie et de mécanique.

Le concept de singularité viole les bases de ces deux branches. D'un coup, toute l'énergie dynamique apparait envahissant le continuum espace-temps.

Le continuum espace-temps était déjà présent, illimité, le seul évènement, l'évènement créateur, c'est l'introduction d'énergie dans le continuum, dans la mousse quantique ?

Coincidence ? cette description est exactement ce que dit la Génèse ; c'est aussi ce qu'affirme le mythe grec de la Création. Coincidence ?

Et ce sac, par terre, est-il vide ? il suffit de le secouer pour qu'il me le fasse savoir.
J'entre dans une chambre obscure : est-elle vide ? est-ce une piscine ? un rien d'éclairage et le mystère est percé.

La preuve que l'Espace-temps « est » indépendamment de la Création – qu'il y a l'Espace-temps avant la création - apparaitra dès qu'on agitera l'espace où on croit qu'il pourrait être, dès qu'on y introduira de l'énergie dynamique.

N'importe quelle agitation causera la Création.

Notre modèle dit que telle est bien la situation avant le début.

Il n'y a pas de course avant le 'Partez !', mais coureurs arbitres, pistes et spectateurs sont présents.

Notre modèle respecte la <u>géométrie</u> :
Il y a dejà quelque chose, quelque chose d'inerte ; et une autre chose, pas loin.

Et nous respectons la <u>mécanique</u> :
Ces deux chosent se cognent, preuve qu'au moins l'une des deux était en mouvement, mu par de l'énergie cinétique.
Elles se cognent, accident qui secoue tout, de l'énergie entre : la création démarre.
Il n'y a pas de pénétration ; rien qu'un coup, une calotte, une giffle. Pas d'explosion.

Cet évènement nous l'appelons **Bonne Baffe**, BB pour les intimes.
Voyons si, nous servant principalement de la méditation, c'est-à-dire de rêves, de logique et des faits solidement établis par la Science et les expériences humaines, voyons s'il est possible de bâtir une alternative élégante et séduisante au modèle scientifique courant.

Que la lumière soit !
Et la création démarre.
Violemment !

Mais nous, allons-y doucement, un pas à la fois.
Ce que nous présentons est une description simple, logique de ce qui est , peut-être, de ce qui peut avoir été, de ce qui peut

être en train de se passer. De nombreuses marches, nombreux échelons ; tous très simples, certains bien prouvés et les autres rien que logiquement probables.

C'est un tout au moins aussi probable que bien des affirmations propagées par l'Académie des Sciences.

Permettez-moi de présenter ma vision schématique de la Science, vision courte et améliorée des mes deux derniers livres :

Kein Stein et **Hawking.**

c'est en écrivant le premier que nous avons

découvert **la cause de la Gravitation**

mystère absolu pour la Science

dans le second : Hawking, l'Homme, l'âme
de nombreux phénomènes associés à la gravitation
nous sont apparus, l'Ame faisant partie du lot.

La **métaphysique** serait une extension de la physique
à ce qu'il appert.

Pour l'Académie des Sciences, notre analyse, la présente description

n'est pas de la Science
rien de plus que de l'art.

Elle a cependant une ossature interne, la règle absolue, entre autres, que

tout provient de quelque chose .

Je vous promènerai de la veille de la Création jusqu'au présent ; mais pas plus avant parce la fin des choses est encore cachée par les buissons et les ronces des possibilités.

Ma construction se sert des faits découverts et enseignés
par la Science.

Je doute et j'écarte la majorité des **théories** scientifiques
courantes
Ce ne sont que des opinions.

La fraction de la Science qui se sert des faits, exclusivement,
je l'appelle

Science factuelle, ou Scifa :

La partie qui bâtit sur des structures improuvées, opinions de groupes, à la mode, je l'appelle

Science Fiction ; ou Scifi.

Le concept de singularité par exemple, ou celui de
l'expansion universelle
sont purs Scifi.

Ils présentent des faits qui supportent leurs opinions ; mais les mêmes faits permettent d'arriver à des conclusions distinctes et même opposées :

Qu'est-ce qui me permet d'oser,
Moi ?

une minorité, et complètement inconnue.

Cependant je présente un modèle de l'Univers qui non seulement incorpore tout la Scifa, mais, dans la foulée résoud de nombreux mystères : la nature de la gravitation par exemple, ainsi que celle de la matière Noire, et celle de l'Energie Noire.

Je savais qu'il fallait écrire ce petit livre pour présenter sous la même couverture l'essentiel de mes méditations, des découvertes qui en sont sorties, inattendues, pendant mes analyses successives du monde matériel.

Le mot « **méditation** », je l'utilise dans son sens originel :
Penser profondément à quelque chose.

Je ne vais pas traiter ce thème : je désire simplement que, quand j'utilise le terme, le lecteur apprenant que j'ai beaucoup médité ne m'imagine pas en équilibre sur la tête Sirsassana, ou simplement assis en lotus, en padmassana .

J'ai passé, sans doute, au moins quatre heures par jour à méditer sur ces questions ; ce qui signifie que j'ai beaucoup pensé à divers sujets, et entre autres domaines, plongé, me dissolvant, explorant les divers Cochas - vous savez, les divers « corps spirituels ».

Tout ceci en me servant de l'écriture pour maintenir la recherche abstraite…
Ecrire c'est méditer !

Ya-t-il d'autres plans ? d'autres corps ?

Et que dire de 'mondes parallèles' ?

Ce texte ne sera pas l'enseignement spirituel d'un quelconque gourou inconnu – votre serviteur !

Le lecteur, sans doute, s'est rendu compte que j'utilise la première personne, comportement qui ne plait pas à la majorité dont le « je » favori comme centre du monde, est celui de leur propre personne.

Nous suivrons donc dans ce texte le modèle recommandé aux chercheurs scientifiques ; je dirai **'nous'** au lieu de « **je** ».

Cependant, encore que je n'aie reçu aucune aide ou support ou reconnaissance quelconque de mes travaux, réalistement, est-il exact que je n'aie eu aucune aide ?

A mesure de l'avancée dans ce texte, on verra plus possible que j'aie été aidé, appuyé, dirigé ou au moins guidé par le monde même, par la réalité.

Les théories quantiques suggèrent que les liens les plus improbables ne sont pas forcément impossibles.

Alors donc ? pas vraiment travaillé sans aide ?

Je peux dire que tout s'est passé par hasard, par chance, mais je peux dire aussi que mon œuvre est due aux efforts combinés d'Esprits, d'Anges, de Dieux, de Puissances ou Entités qui ont choisi ce corps pour exécuter leurs plans, pour faciliter la transition sociale qui est en train de nous pousser vers une nouvelle Ere ;

L'ère que j'appelle « **Jour 6** » .

Certains l'appelle Ere du Verseau : c'est l'Ere dont il est prédit qu'on y révèlera tous les secrets !

une Ere sans nouveau prophète.

Notre œuvre, donc, est ou un **rêve ou la vérité.**

Nous l'avons déjà analysé :

- Ou c'est une description de la Vérité ; et dans ce cas

  o **Une <u>Découverte géniale</u>**

o Ou c'est une structure parallèle à la réalité et dans ce cas

o Une **<u>Invention géniale</u> !**

De sorte que je peux dire Nous au lieu de Je, percevant que ce pluriel correspond à la réalité.

2.   Et in terra

PAX OMINIBUS

La prophécie c'est qu'il n'y aura pas de nouveau prophète, au contraire des révélations des Eres antérieures.

Ça signifie que la Science éclairera les questions les plus profondes ?
Des questions profondes ? Y en a-t-il ? quelles sont-elles ?

Des dieux ? y en a-t-il ? des entités immatérielles qui auraient créé l'univers tel qu'il est ? des Esprits qui gèrent toutes choses ?

Fort probable : c'est l'opinion générale à travers les siècles et par le globe tout entier.
Pas très probable dit la Science moderne.

Et la Vie ? dans quel but ?

Par le passé il y avait une connaissance universelle : elle était conservée par quelques rares sages dont le principal instrument de recherche était la méditation.

La méditation ? quèsaco ?

C

C'est tout observer, pas tant par les yeux et les mains, mais plutôt en associant les idées qui nous passent par la tête.
Ces chercheurs décrivaient tout, depuis les premiers jours de la Création jusqu'aux moyens de construire des structures puissantes et harmonieuses.

Il y avait la science de base, depuis la médecine jusqu'aux moyens de forger de meilleurs épées.
Il y avait aussi la géométrie et l'arithmétique.

Et par-dessus tout la science ultime, la connaissance des dieux et des esprits.

De là sortirent des religions, les techniques pour pacifier les dieux.
Cette science suprême, celle des dieux et des esprits n'a pas beaucoup avancé.

Mais les sciences concrètes, celles de la matière, un domaine secondaire, inférieur pour les organisations religieuses, étaient excitantes pour un certain nombre de cerveaux.
Leurs découvertes n'étaient pas accessibles à tous ; d'autant qu'en ces temps comme aujourd'hui la majorité était plus intéressée par la routine quotidienne – rester en vie, survivre socialement et économiquement – plutôt que se poser des questions plus abstraites et faire des expérieuces.

Cette connaissance était secondaire, mais c'est elle qui améliora l'agriculture, l'élevage, la guerre.

Un jour arriva où cette connaissance matérialiste et la Science supérieure – la religion – entrèrent en conflit l'une contre l'autre.

Progressivement la Science concrète prend le dessus. Elle est respectée surtout parce qu'elle améliore la vie de la majorité. Mais l'influence des dogmes n'a pas disparue.

Il y a encore bien des gens qui suivent aveuglément des doctrines religieuses pour plaire à un Dieu dont ils croient qu'il existe.

Existe-t-il un ou plusieurs dieux ?

C'est affaire de croyance, mais il faut reconnaitre que le Dieu qu'on décrit ne présente pas beaucoup de traits divins.
Si j'étais tout-puissant et décidais de créer l'être humain, le ferais-je tel qu'il est ? plein de faiblesses ?

Le mettrais-je sur Terre pour qu'il y souffre ?

Le monde est-il si imparfait parce que Moi, le Créateur, n'ai pas su bien le faire ?

Ou parce que je suis sadique ?

3 : Y a-t-il un Dieu ?

Les religions enseignent que Moi, le Dieu Tout-Puissant, suis un sadique.

Sinon il leur faudrait enseigner que

- o Je ne savais pas comment faire un monde meilleur,
  ou que
- o Je n'avais la puissance nécessaire.

La Science a progressé ; elle continue à trouver de plus en plus de liens entre les observations.

C'est un progrès au pas de limaçon qui éloigne jour après jour le concept de **dieux** et de **Salut** !

Du temps de Galilée, s'opposer aux descriptions de la religion c'était risquer la mort.

Giordano Bruno finit sur le bûcher.

Galileo Galilei dût abjurer ses écrits pour s'éviter le même sort.

Les choses ont changé ; à tout le moins dans les pays où la religion n'est pas la loi.

Y a-t-il un Dieu ? avons-nous une âme ?

Notre vie, à quoi sert-elle ?

L'évolution, du rocher le plus brut à l'homme, a-t-elle un but ? une finalité ?

La création a-t-elle un objectif quelconque ?

Le but de toute cette aventure, de la vie, est-ce inventer et construire des machines capables de faire tout ce que nous faisons ? en mieux ? pour qu'ensuite nous, les humains, puissions disparaitre…

Plus d'humains, plus de souffrances ! plus de mort ! …

Est-ce le plan ?

Commençons par le commencement.

Attaquons ces questions comme le fait la Science, et non comme l'ont fait les philosophes, les visionnaires et les religions :

Nous allons partir de ce qu'il y avait avant qu'il y ait quoi que ce soit.

Toutes les anciennes cultures ont énoncé leurs propres descriptions de la création.

Au début il y avait le **Chaos**.

Dans le chaos apparut Gaia, la terre en quelque sorte ;

Puis apparut Eros qui la féconda etc…

http://cosmobranche.free.fr/MythesCreation.htm#L'%20O EUF%20COSMIQUE

bien peu d'information

Aristote et nous

on parle aussi de l' ŒUF COSMIQUE

la Science n'est pas beaucoup plus explicite :

elle prêche :

il y avait avant toute chose une singularité dont nous ne savons rien sinon qu'elle n'occupe aucun espace. D'autres auteurs pensent qu'il y avait une substance, un précurseur de l'espace-temps … infini !

Soudain de la singularité surgit, probablement, toute l'énergie de notre univers??

Ignorance et confusion totale.

Cette singularité, de quoi est-elle faite ? d'où vient-elle ?

Il y a toutes sortes de théories qui se contredisent, ce qui nous autorise à émettre les nôtres qui sont, sans doute, proches de certaines, parallèles.

Nous ne percevons pas clairement en quoi ces lignes sybilines nous aident à comprendre d'où nous sortons, où nous allons, et quelle importance l'existence pourrait-elle bien avoir…

Nous n'y comprenons rien et la Science nous dit d'être modestes et respectueux.

Si nous voulons comprendre, ou au moins concevoir, nous n'avons qu'à apprendre ce qu'en enseigne l'Académie, la SCIENCE.

Nous pouvons citer plusieurs religions qui recommandent la

même chose à leurs ouailles… si vous avez des doutes, disent-ils, relisez le Livre Sacré, les Ecritures …

Et nous nous souvenons qu'il y a cinquante ans la Science se moquait du concept de la dérive des continents.

Plus tard, changement de dogme, le concept devient si accepté qu'on l'enseigne dans les jardins d'enfants.

Et la dérive des continents, une fois acceptée, on l'expliqua comme due à des volcans. Il y a, enseigna-t-on, des volcans au fond des mers, volcans qui éruptent parfois, repoussant les plaques tectoniques du fond des océans.

Comme beaucoup d'autres au cours de notre courte existence, ce dogme nous parut erroné.

On a changé le dogme – aucune participation de ma part – et on enseigne maintenant que les diverses plaques n'ont pas les mêmes tailles, qu'elles s'appuient sur une sorte de tapis roulant ; et que c'est à cause de leur taille qu'elles ne sont pas entrainées à la même vitesse.

Là nous sommes d'accord. Il reste encore bien des dogmes à revoir !

Nous avons décrit notre classification en **Scifa** et **Scifi**.

Nous pouvons passer à la révélation !

Le concept de singularité est pur Scifi.

Un petit saut vers un autre sujet :

L'âme, qu'est-ce qu'elle fait ? La Science n'a aucune preuve qu'elle existe, et la science de la pensée, la psychologie n'en détecte aucune fonction, aucune activité.

Les sceptiques ne voient en elle qu'un concept permettant de changer facilement tout un chacun en esclave docile…

C'est nous civiliser.

Et bien, bon ! haut le front ! suivons l'exemple de Galilée ! questionons l'autorité et la connaissance du meneur !

Peut-être pas dans tous les pays…

Le 'lideur' - ce n'est peut-être que le bélier…- l'autorité du jour n'enseigne pas qu'il y aurait un autre monde, au contraire, elle enseigne que tout est apparu subitement, un beau jour, jailli du néant, de la Singularté.

La Science avançait raisonnablement, logiquement ; mais, il y a quelques siècles un concept est ressurgi ; le concept de la Création à partir du Néant.

Creatio ex nihilo

Le concept de singularité n'est pas autre chose.

La Genèse, dans le premier chapitre au moins, a présenté quelque chose de meilleur, de plus logique, de plus cohérent : la source de la création y est localisée hors d'un territoire déjà présent :

Elohim qui, pour que commence la création, a envoyé son énergie sur les eaux profondes et silencieuses.

La Science n'est rien d'autre qu'une autre croyance, une autre foi appuyée par les journaux et autres informateurs, et par le Sanhédrine composé des membres de l'Académie.

Nous avons établi il y a une vingtaine d'années que nous, les vertébrés, sommes des métis, fils de deux cousins :

- Un poisson sans mâchoires
- Un insecte.

Cette combinaison explique bien des anomalies humaines, certaines formes d'homosexualité par exemple.

Cette théorie est-elle entrée dans le paradis qu'est la Science ?

Un peu ! grâce à l'intelligence de membres de l'Académie des Sciences de la République Dominicaine ; mais elle y est restée assoupie.

Si le sujet intéresse le lecteur ; il en trouvera la version en anglais :

http://philosophon.org/files/txtPoissonInternet.pdf

Elle n'a pas progressé parce que mes recherches m'ont orienté ailleurs et parce que je ne suis pas membre du Sanhédrine : pure paresse de ma part.

C'est regrettable car sans aucun doute, il y a un prix Nobel pour qui le démontrera expérimentalement.

4 : Créons la B-cadémie

Combien de temps Darwin dut-il attendre avant que sa théorie soit acceptée ?

Il y a de l'espoir ! lançons-nous dans la masse plébéienne. Créons la Bécadémie pour faire front à l'A-cadémie : nous savons qu'un temps viendra où les futurs membres de l'élite l'accapareront en masse et l'appeleront 'nôtre'.

Commençons la description de l'univers par les données accumulées durant les millénaires. Présentons notre modèle.

Nous l'avons fort poussé pendant les dernières années en écrivant deux livres : un exercice qui était plus méditation que description.

Comme c'étaient des méditations, ces livres exposèrent de nouvelles vues, nouveaux éclairages rapprochant Scifi de Scifa.

Nous débutons par la description de ce qu'il y avait avant que démarre la Création.

Ce que nous présentons est un jeu d'opinions.

Nous le présentons avec grand respect pour la Science ; Science qui est tout ce que nous connaissons, tout ce que nous avons passé d'années à apprendre. Mais cette science est parfois bizarre…

Il y a un siècle elle fit un bond en avant, au sujet de la lumière, mais en fait, le Photon, qu'est-ce que c'est ?

L'étude de la lumière a résulté en énormes progrès quand de grands esprits s'y sont attachés. .. et cette question :

« le photon », avec sa double nature,

qu'est-ce que c'est ?

Cette question m'a intriguée.

Je fais partie de ces gens qui défont les nœuds des cadeaux au lieu de couper les ficelles avec des couteaux, des ciseaux ou leurs dents, ou au lieu d'arracher l'emballage.

Il fallait que je comprenne, ou au moins que j'y pense. Après quelques années j'ai émis une première théorie dans un texte : Yoga des Sphères ; ed. de l'Homme, Montréal.

L'idée vague présentée au sujet du photon était fausse, je le savais, mais probablement pas tant que ça.

C'était assez faible sur le sujet du photon ; assez bon en d'autres domaines.

Notre propos, en ces temps anciens comme dans le présent, est de présenter une image suffisamment schématique, matérialiste pour que le lecteur puisse suivre, et qu'avance l'idée qu'il se fait du monde et de soi.

En vérité, nous n'avons pas la formation scientifique nécessaire pour suivre dans les détails les diverses formes d'énergie ; nous aimerions décrire le photon comme quelque chose d'assez concret et non comme un état temporaire : une chose, un objet plutôt qu'un état.

Commençons par la description de tout d'avant la création.

Sautons directement dans la description de notre modèle : les justifications apparaitront l'une après l'autre.

Que trouvons-nous en premier ?

Nous supposons que l'écume quantique, la suspension quantique est présente de tout temps. C'est l'opinion courante de nos jours.

ailleurs

Oom dans l'ailleurs

L'univers avant la BB, avant la Bonne Baffe.

Les évènements montreront que l'Ailleurs n'est pas vide.

Une partie de l'opinion générale c'est que l'univers en expansion ne croîtra pas à perpétuité : il pourrait se réduire, il pourrait rebondir, toutes suggestions qui impliquent que le continuum espace-temps a des limites spaciales.

S'il a des limites et s'il est quasi-liquide, il aura la forme d'une goutte ; exactement comme l'univers primordial que nous décrivons.

Tout ceci fait du bien à notre théorie. Ce pré-univers est vu comme une sorte de mousse. S'il n'est pas contenu par une enveloppe, par des paroir rigides, comme tout liquide dans le vide il prendra la forme d'une sphère, une goutte.

Voir la démonstation offerte par les astronautes dans l'espace.

Nous ne sommes donc en conflit avec personne.

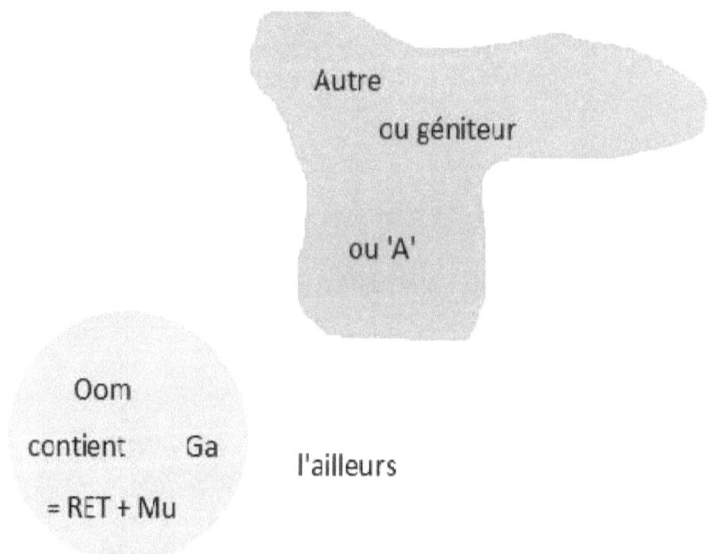

c'est là que nous sommes, vous et moi.

Autour de notre Moi se trouve le monde concret, réel.
Ce monde réel est situé dans un espace.

Aristote et nous

Cet espace, nous (cet auteur) disons qu'il est limité.

Ce contenu n'a pas de coquille ; c'est la mousse quantique,
une sorte de suspension dans un liquide.

Le contenu étant liquide, il a la forme d'une sphère.
Il n'a pas de coquille, telle une goutte d'eau dans l'Espace,
une goutte de mousse quantique dans l'Ailleurs.

Cette sphère, nous l'appelons **Oom**

Le contenu de cette sphère est une sorte de suspension, des
granules nageant dans un liquide.
Ce liquide, nous l'appelons **Mu**.

La Science, Scifi, parle d'un espace peut-être illimité. En ceci
nous sommes fort distincts. Pour nous, il est limité.

Ailleurs – Oom

'Ailleurs' est tout ce qui n'est pas Oom ; un espace dont nous
ignorons tout.

Oom y est isolé, seul peut-être.

Oom, une goutte.

Oom est-il « l'ŒUF Cosmique »
de certaines traditions ésotériques ?

Oom est plein de Ga, Ga étant le continuum Espace-Temps

de la physique.

Ga est composé de **Granules** et de **Mu.**

C'est l'Ecume quantique.

C'est le Chaos des Grecs
l'Abîme de la Genèse

Avant l'instant BB, Ga est uniforme ; il n'y a
aucune irrégularité, et aucun mouvement.
Tohu bohu en dit la Genèse.

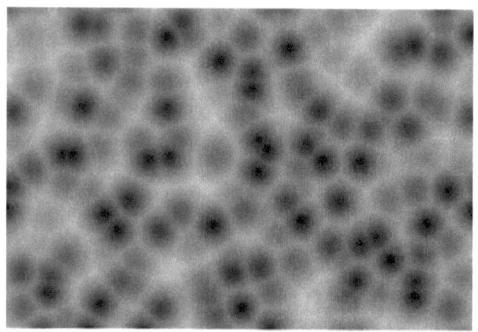

*Ceci est la représentation par certains physiciens de l'écume quantique.
Elle présente quelque similitude avec notre concept.*

L'ensemble des Granules est le RET.

Le nom **RET** est tiré de <u>R</u>éseau <u>E</u>space <u>T</u>emps.

C'est à peu près le continuum espace-temps de l'Académie.
Et c'est à peu près comme du Maisena, des grains qui
flottent.

Les éléments de Ga sont collés ensembles par les forces adhésives qui lient Mu et RET, et par les forces cohésives entre les granules et les forces cohésives entre les composants de Mu.

La montée de l'eau le long de la paroi du verre, la capilarité nous donne une preuve de l'existence de ce type de forces.

La Nature a horreur du Vide (Aristote)
Horror vacui

et autre goutte de culture occidentale :

ex nihilo nihil fit
(rien ne provient de rien)

Restons honnêtes : bien des cultures d'autres points du globe ont supporté ces concepts… d'autres ont appuyé le contraire.

Et le Granule ?
Nous devons introduire quelques postulats :
Un postulat est une affirmation dont nous disons qu'elle est vraie, mais que nous n'arrivons pas à prouver.

Le granule est « concret », « réel ».

Le Granule, il faut le voir comme une cellule : il a un volume, il a un contenu et, au début, il supporte un Vi.

Un Vi ? qu'est-ce que c'est ?

Les granules occupent l'espace tout entier, tout l'Oom.

Les granules ne se déplacent pas car ils occupent tout l'espace comme les briques dans la maçonnerie, à ceci près qu'il n'y pas de ciment entre eux, mais le liquide Mu.

Ils ne se déplacent pas mais leur forme change perpétuellement car ils sont soumis aux changements de volume de leurs voisins et aux ondes qui traversent perpétuellement le Ga.
Einstein a établi que le photon a une double nature : c'est une particule et c'est une onde.
Dans ces deux formes il manifeste de l'énergie.

Il a été établi que l'énergie nécessite un support matériel et ceci nous porte à postuler que le photon est fait de quelque chose de « solide ». Est-il matière ? Il est concret, aussi concret, aussi réel, aussi permanent que le granule.

Ce petit morceau de « Réel » nous l'appelons Vi.

Le Vi est l'élément de substance, le concret qui éventuellement transporte de l'énergie.
Il faut maintenant quelques définitions et quelque argumentation.
Les Scientifiques pour la plupart sont d'accord pour statuer que le photon n'est pas de la matière.
Certains tolèrent l'usage du terme 'matière' dans la description du photon, mais ils modèrent cette position par des qualificatifs. On dit alors 'matière relativiste, ou masse

de repos (rest mass).

Mais la matière, qu'est-ce ?

Le photon, qu'est-ce qu'il a de trop ou qu'est-ce qu'il lui
manque pour être matière?
Einstein a montré qu'il n'est pas rien qu'une vibration.

Le photon a des limites physiques ; il a un point antérieur …
on peut localiser son point de contact avec les objets
On peut prévoir l'instant de contact …
Il a des dimensions perpendiculaires à son trajet ; la
diffraction le montre clairement ; et il est capable de déplacer
des objets matériels.
Pourquoi, alors, lui refuser le titre ?

On parle de « Moment » ; mais c'est un autre terme mal
défini. On n'en donne au lecteur innocent, à la plèbe, à moi,
aucune image concrète, pratique.

Nous avons compris finalement que nous devons nous en
tenir à notre rêve que tout peut être décrit en modèles
concevables pour tous, modèles présents dans notre propre
expérience, nous servant de la géométrie et d'éléments
mécaniques.

Il n'y a, pensons-nous, aucune raison de continuer à tout
déterminer en termes de forces, champs et autres termes
sans définition précise.
Commençons par un premier pas : la matière, qu'est-ce ?

Qu'est-ce que la matière ?

5. La matière

Il faut commencer par une description et quelques définitions : pour inscrire le photon dans la catégorie 'matière', il faut définir le mot matière.

La matière peut être définie par deux caractéristiques :

1. **Elle occupe de l'espace**
2. **Elle cause de la gravitation, l'attraction universelle.**

Ce sont deux caractéristiques pratiquement opposées.

Le photon n'a que la première ; il n'est donc pas matière.

Le granule non plus : il occupe de l'espace, mais il ne génère pas de gravitation.

Il faut donner aux mots des définitions claires, stables, fermes. Nous dirons donc « **matière** » et « **matériel** » pour ce qui présente ces deux caractéristiques, excluant le photon ; et nous dirons « **réel** » pour tout ce qui occupe de l'espace.

Le photon est, dit-on, un quantum, une quantité d'énergie. Nous disons d'énergie dynamique. Nous y reviendrons. Poursuivons notre analyse brutale.

Le photon, la science le définit surtout comme rien de plus que de l'énergie, un quantum, un moment ; mais, nous l'avons dit, dans notre monde l'énergie a besoin d'un support, quelque chose qui la supporte.

Le photon est énergie, mais en premier, il est un Vi, quelque chose de réel, de concret.
Le photon donc est un Vi portant de l'énergie, portant un quantum d'énergie.

Il n'y a qu'une sorte de Vi, mais il y a une infinité de photons, en d'autres termes, une infinité de quantums.

Autrement dit, chaque Vi transporte, charie une quantité spécifique d'énergie dynamique.
L'énergie circule dans le Ga tout entier sous forme de vibrations analogiques en Mu et en quantités limitées dans le RET sous forme de photons.

C'est cette énergie qui cause les effets mécaniques du photon par contact concret entre sa partie « réelle » et le « réel » de ce qu'il touche. C'est ainsi que sa force mécanique agit sur le monde matériel.

Tout ceci est un rien ennuyeux ; mais il le fallait parce que la Science ne l'a pas conçu ainsi, n'a pas saisit sa nécessité. Nous la voyons indispensable.
Il le fallait pour qu'on conçoive bien le Vi.

Le photon donc est un Vi
transportant une quantité spécifique d'énergie dynamique.

Nous postulons que le photon est éternel ;

chaque photon porte une quantité d'énergie précise, inchangeable.

Son <u>expression</u>, elle, dépend de l'endroit où il se trouve.

‹ Comment est-il apparu ?

D'où vient-il ?

ou comment a-t-il été formé ?

Il n'y a pas de sortie de secours !

Il nous faut remettre en question le concept de la création que présente la Science.

L'Académie enseigne qu'avant tout évènement, toute l'énergie se trouvait dans un tout petit espace, la Singularité, et que, pour une raison inconnue la Création commença par une explosion :

Le Big Bang.

Pour nous, comme pour la Genèse et pour la majorité des mythes de la création, avant le début de l'activation, il y avait la mousse quantique.

La plupart des descriptions de l'Académie sont d'accord.

Les détails de la Genèse, ceux du Chaos des Grecs nous donnent une image claire, bien définie du Néant.

Rien de tout ça n'est très satisfaisant pour une pensée moderne : d'autre part, la Science a-t-elle raison de décrire un univers en expansion ?

Nous ne pouvons pas analyser ce qui se dit de la Singularité parce que, par définition, on ne sait rien d'elle, et il n'y a aucun moyen d'en savoir quoi que ce soit.

Quelle preuve avons-nous qu'il y a expansion ?
Le spectre de la lumière ! et ses altérations.

Que nous enseigne le spectre de la lumière ?

Réfraction par le prisme

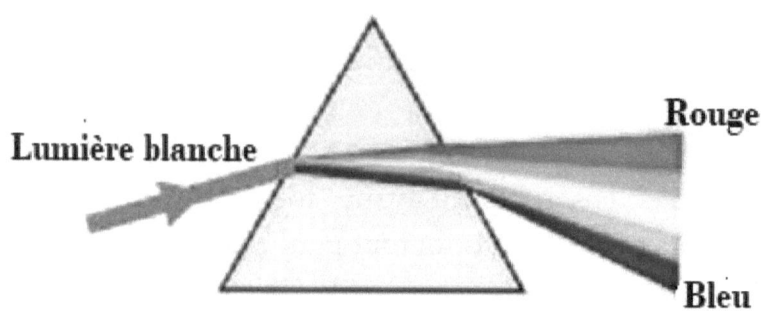

La lumière blanche est un mélange de toutes les couleurs : ces couleurs sont déviées et séparées par le prisme : le résultat est le spectre.

Dans certaines conditions la matière émet des photons : chaque type d'atome produit quelques couleurs, toujours les mêmes.

La chose est si spécifique qu'il suffit d'analyser les couleurs émises pour savoir quels atomes se trouvent dans la pierre ou la solution qu'on observe.

On pense que les atomes du présent et ceux du passé émettent les mêmes fréquences, ce qui porte à penser que le spectre qu'on obtient de la lumière des étoiles doit être identique au spectre du présent.

Il n'en est rien.

Le spectre de la lumière des étoiles est dévié vers le rouge, en d'autres termes, les fréquences de ces photons sont plus basses que ce à quoi on s'attend, plus basses que celles qu'émettent les mêmes atomes aujourd'hui.

C'est peut-être

1. Parce que la théorie disant que les émissions sont toujours les mêmes est fausse, ou
2. Parce que les atomes émetteurs sont soumis à une accélération … ce serait un effet Doppler, ou
3. Parce que les photons se trouvent dans un puits gravitationnel.

L'option choisie depuis un siècle c'est que les astres s'éloignent de plus en plus, que l'univers est en expansion.

Einstein a rejeté cette théorie jusqu'à 1917, mais finalement, comme il ne parvient pas à améliorer son propre modèle, et malgré ses propres résultats ; il rejoint le troupeau ; du coup cette théorie est devenue la <u>Vérité Absolue.</u>

Le décalage est fonction de l'éloignement de ces astres et de leurs vélocités… on a conclu qu'il y avait là un effet Doppler, l'effet que nous entendons quand la voiture de course passe devant nous et s'éloigne.
Tout le monde suit Hubble et sa constante qui permet, pense-t-on, de déterminer la position et les mouvements des astres

éloignés.

Notons au passage que la constante de Hubble et tout ce qui dérive de son utilisation est de plus en plus douteux.

La théorie du Puits d'Einstein est repoussée ; nous ne savons pas pourquoi.

C'est peut-être parce qu'Einstein lui-même s'est converti au doppler ; et

**si Einstein dit que c'est vrai,
C'est Vrai !**

La pression sociale marche dans les deux sens.

On trouve des moutons jusque dans les groupes les plus éclairés. Souvenons-nous des moutons de Panurge.

Nous sommes tous des moutons.

Regardons la théorie du puits d'un peu plus près.

Einstein spécula, en se basant sur ses observations, que, dans certains cas, les fréquences des photons varient : elles dépendent du champ gravitationel où on les observe.

Il émit donc une théorie : il y aurait des **puits gravitationnels.**

Un photon émis de la terre voit sa fréquence baisser à mesure qu'il s'élève vers le ciel.

Les chercheurs Pound et Rebka
le démontrèrent expérimentalement.

Ils prouvèrent qu'un photon **rouge** émis du haut d'une tour était **bleu** en arrivant au sol.

Décalage vers le bleu.

C'est-à-dire qu'ils prouvèrent que la pesanteur, la force de gravitation, a un effet sur la fréquence du photon.
La force de la pesanteur est moindre au sommet de la tour qu'à son pied parce que le sommet est plus éloigné du centre de la terre.

Vous comprenez que nous disons rouge et bleu pour souligner le contraste. Bien entendu, dans cette expérience, la hauteur de la tour n'étant pas très grande, le glissement, le décalage est faible : faible mais mesurable, observé.
Pourquoi ne pas utiliser cette propriété de la gravitation pour expliquer le décalage vers le rouge de la lumière des étoiles ? Nous ne trouvons aucune justification à ce rejet.

Etudions un instant jusqu'à quel point cette autre analyse pourrait servir et permettre de comprendre le glissement observé.

Nous avouons que l'idée de l'expansion de l'univers ne nous emballe pas.

Pour que le puits ait une grande influence, il faudrait qu'il y ait une grande différence de force gravitationnelle entre le passé et le présent, que la force de gravitation ait été plus puissante antan qu'aujourd'hui.
La force de gravitation est proportionnelle à la masse : en d'autres termes ; il faudrait que la masse totale de l'univers ait

été beaucoup plus élevée par le passé que la masse présente.

Cette information, l'aide qu'il nous faut, c'est la Scifa, la physique même qui nous l'offre :
Nous nous répétons : nous enseignons qu'il y a deux secteurs distincts dans ce que l'Académie enseigne :
D'abord ce que nous appelons la **Scifa, Science factuelle**
Puis ce que nous appelons **Scifi, Science Fiction.**

La théorie du Doppler, sans le moindre doute, est **Scifi** car il n'y a aucune preuve concrète de la distance de ces astres.
La constante de Hubble n'est qu'une théorie.
Ce qui ne veut pas dire qu'elle est fausse.
Et la théorie du Puits ?

Que sait-on de la force de la gravitation du passé ?

La force de gravitation est causée par la masse de matière : plus de matière, plus de force.

Nous ne savons pas encore qu'elle est la cause de la gravitation, mais pour le moment c'est sans importance.

Nous disons que la science peut nous donner la solution et, miracle ! c'est la scifa qui vient à la rescousse.

Il a été établi, en théorie et expérimentalement que
l'Entropie,

l'agitation de tout système augmente avec le temps qui passsse,

c'est le second principe de thermoe-dynamique.

Merci Carnot.

Il y aura plus d'entropie, si la quantité de matière diminue, et il y aura plus de photons libres ;
Et justement, dans l'univers entier, en fonction du temps, il y a de la désintégration de la matière, et quelque synthèse : au total, moins de synthèse de matière que de désintégration.

C'est avec plaisir que nous ferions montre des arguments et preuves qui supporte ce principe mais c'est un rien hors de la portée de ce texte.

La matière contient beaucoup d'énergie potentielle, (matière :énergie ;; Einstein !!!) et avec le temps, une partie de cette énergie potentielle cesse d'être potentielle, il y a désintégration continue, et donc, l'énergie devient manifeste, de sorte qu'il y a de moins en moins de matière dans l'univers.
Il y a moins de matière de nos jours que jamais par le passé.
C'est Scifa.

Et donc, comme il y a un déficit croissant de matière en fonction du temps qui passe, il y a une pente gravitationnelle entre le passé et le présent.

L'univers est un vaste puits gravitationnel.

Le passé est identique au pied de la tour de Pound Rebka, et le présent semblable à son sommet.

A son arrivée dans une zone moins étirée le photon passe au rouge.

C'est pour la même raison qu'il y a rougissement du spectre de la lumière des étoiles.

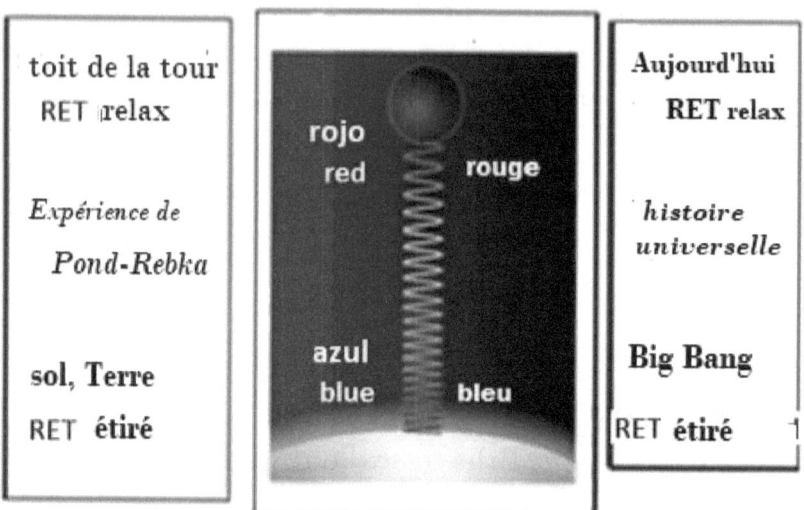

| toit de la tour
RET relax

Expérience de
Pond-Rebka

sol, Terre
RET étiré | rojo
red   **rouge**

azul
blue   **bleu** | **Aujourd'hui**
RET relax

histoire
universelle

Big Bang
RET **étiré** |

Décalage vers le rouge en passant de la base au sommet

Décalage vers le rouge en arrivant ici du passé

En toute époque passée, il y avait plus de matière et donc plus de force gravitationnelle qu'aujourd'hui, raison de la différence des spectres entre le présent et n'importe quel passé.

C'est la raison du déplacement du spectre.

Plus la <u>distance</u> en années ou en années-lumières entre la région observée et le présent est importante, plus importante est leur <u>différence</u> gravitationnelle.

En se servant des données de l'expérience de Pound-Rebka et celles des nombreuses expériences qui l'ont suivie, on peut estimer la distance entre toute source lumineuse et notre point d'observation, le présent.

Il semblerait que personne ne le fait.

Nous nous trouvons maintenant avec deux explications pour le même fait, mais elles n'ont pas la même validité.

Comme elle est Scifa, la théorie du Puits ne peut pas être rejetée.
Elle est pourtant volontairement ignorée.

Au contraire, comme la théorie du Doppler est Scifi, nous devons nous demander à quel point elle mérite d'être considérée.

Nous n'avons pas assez d'information pour l'éliminer complètement ; il n'en reste pas moins que tout ce qui a été estimé jusqu'à présent doit être rééxaminé en tenant compte du Puits.

De nouvelles théories remettent en question, elles aussi, la théorie de l'expansion.

Reconnaissons, et c'est important pour nous, que la théorie du Puits va bien avec Oom, la Goutte.

Hubble n'y colle pas aussi bien.

En fait, la théorie du Puits permettra d'obtenir une meilleure évaluation de la taille et de la masse de l'univers.

Nous disons ça au futur parce que, maintenant que nous avons démontré que la théorie du Puits doit être utilisée, il n'est plus possible de reculer. Ce futur est-il proche ?

Et la gravitation ?
Quand va-t-on rn parler ?
Des promesses, des promesses …

6. Création : BB !

Le temps a-t-il toujours existé ?

Il y eut un instant zéro juste avant le commencement ; on peut l'appeler instant zéro … et ensuite ?
A ce moment de l'énergie est introduite en un point de la surface de Oom ; et la création commence.

Postulat : l'énergie n'est pas apparue du néant ; elle existait avant la Création ; elle est éternelle, invariable, inaltérable.
Nous en revenons au latin ☺ *ex nihilo …*

Là, la Science officielle a raison : il n'y avait pas d'énergie dynamique dans l'univers, en Oom.

Une certains quantité d'énergie entre en Oom.

Il n'y en aura ni augmentation ni diminution ; c'est une quantité éternelle.
Et elle ne se déplace pas isolée ; en toutes circonstances l'énergie a besoin d'un support matériel … (retour au : ex nihilo…)
Ce qui signifie que cette énergie était supportée par quelque chose avant d'être apportée et introduite en Oom.

Ce qui indique qu'<u>Oom n'est pas seul dans l'Ailleurs.</u>

Et si deux objets entre en contact c'est qu'ils se sont rapprochés et donc qu'il y avait au moins de l'énergie cinétique. Pas besoin de chercher plus loin l'origine de l'énergie de la création.

Par la même occasion, cette théorie du choc supporte l'idée que le Temps est un facteur extérieur à la création ; et donc probablement non affecté par les évènements.
Cette introduction d'énergie n'est pas dûe à une quelconque explosion à l'intérieur de l'Oom, elle est dûe à la collision de deux corps concrets qui étaient en déplacement relatif.

Cette collision, nous l'appelons « **BB** », la Bonne Baffe.

Pour notre modèle, le fait qu'il y ait eu choc enseigne qu'il y avait une situation antérieure à BB, un temps antérieur à la Création, et enseigne donc que le temps est un facteur indépendant.

Il affecte les évènements, mais les évènements ne le touchent pas.
Le temps a une influence sur les évènements mais il semble que la relation soit irréversible.

Nous appelons

« A »

le support de l'énergie qui a envahi Oom.

Nous ne savons rien à son sujet : on peut penser que c'est Dieu, ou l'un des dieux ; nous pouvons aussi penser, alternativement, que c'est une sorte de météore.

On peut voir ce symbole comme la lettre latine A ou la lire comme la lettre grecque **Alpha**, nettement plus symbolique…

Il cogne Oom, rebondit et s'en maintient séparé. Puis Oom et « A » poursuivent leurs chemins individuels dans l'avenir.

Une partie de l'énergie cinétique qui les a réunis secoue l'Oom tout entier comme un choc sur le bord d'une cuvette pleine d'eau cause des ondes dans le contenu tout entier.

C'est ainsi que l'énergie est entrée dans un Oom tranquille ; ainsi que commença la création.
Il n'y a rien à ajouter.

L'énergie introduite nous l'appelons

Eros

Postulat : « A » touche Oom en un point. C'est aussi ce que dit Scifa à propos de son explosion ; il y a un point de départ.

L'extension, l'expansion de l'univers est Scifi typique… ce n'est rien d'autre qu'une interprétation possible, partielle des faits, au cas où le Puits gravitationnel ne suffirait pas pour tout expliquer.

Notre théorie se base sur une interprétation distincte des mêmes évènements et permet d'expliquer beaucoup plus de faits que les rêves de la majorité scientifique.

Eros, sur sa route écrase les premiers granules et arrache ou crache des morceaux de chacun d'entre eux.

Nous disons 'arrache', mais ça n'est pas comme découper un morceau de la surface ; mais plus comme pousser un morceau « réel » de l'intérieur d'un granule, un morceau isolé du reste du granule, un Vi.

Ce qui est mis en mouvement de cette façon, c'est un photon. Ce petit morceau parcourt le Granule et passe dans le granule suivant.
Dans ce second granule, ce petit morceau répète ce qui vient de se passer dans le premier, et ainsi, d'un granule au suivant, le photon suit sa route sans perdre ni énergie ni vélocité.

Le photon n'est pas qu'une vague, il ne se disperse pas.
Nous savons maintenant
Merci Einstein

que le photon a une double nature, l'une de celles-ci étant d'être une particule.
Le photon a un volume, une représentation spaciale : il a une limite antérieure – on sait quand il arrive – et il a des dimensions latérales comme le montre la réfraction.
Nous l'avons déjà dit.

Et c'est pour cela que nous le considérons « réel », mais pas matériel puisqu'il ne génère pas de force gravitationelle.

Ce processus de formation, comme tout ce qui se passe à l'intérieur des granules, est hors de notre portée, probablement du domaine des super-cordes.

Le petit morceau ainsi libéré emporte en soi, et à jamais, le quantum d'énergie qui lui a donné la liberté.

Nous mentionnons l'existence de quelque chose de « réel », de « solide » qui s'éloigne du granule parce que la particule qui apparait, le photon, porte un quantum, de l'énergie dynamique.
Nous postulons qu'un petit morceau du granule s'éloigne de son véhicule, de son vaisseau-mère porteuse ; petit morceau que nous appelons « **Vi** ».

Nous insistons sur ce point : le granule est « réel »,
« solide » ; et le Vi est « **réel** », « **concret** », « **permanent** ».
Que de répétitions !

Parce que nous craignons que le lecteur n'accorde pas au Vi l'importance qui est sienne.

Le Vi, nous pouvons l'imaginer comme une vraie perle qui se trouve dans chaque granule, perle qui est mise en mouvement dans le granule jusqu'à ce qu'elle en sorte pour passer à un autre granule et poursuivre sa route de photon.

Ou alternativement ; nous pouvons imaginer que l'énergie Eros écrasa, comprima un granule et qu'il en soit sorti quelque chose comme quand on marche sur un tube de dentifrice.

On peut aussi penser au pendule de Newton.

Choisissez le modèle que vous préférez ; nous allons continuer avec le concept Vi, plus facile à manipuler.

L'énergie qui a cet effet est le quantum.

Il y a égalité entre le nombre de granules écrasés et le nombre de quantums. Raison simple dans le vieux sens du terme ; on dit Ratio à Paris.

Cet évènement fait que le granule qui a produit le photon perd une partie de son volume dans l'opération.

Quant au granule qui reçoit le photon, son volume augmente pour la durée de la traversée : le photon avance ainsi par épisodes.

C'est comparable au cheminement du bolus alimentaire dans l'intestin grêle, ou celui des véhicules aux postes de péage : on avance de quelques mètres chaque fois qu'un chauffeur a payé.

Postulat : le vi passe avec sa charge énergétique de l'intérieur d'un granule à l'intérieur d'un autre.

La taille du granule excité ainsi en est enflée. Ce changement de volume a des effets mécaniques sur les granules voisins ; et de fait, sur le RET tout entier.

Le premier quantum se déplace en ligne droite dans le RET, passant d'un granule à un autre, causant de diverses façons la manifestation de son énergie mais sans jamais perdre de son pouvoir, de son énergie : le quantum est éternel.
Voyons ça.

Le passage d'un granule à une autre cause des changements de volume et de forme.
Quand un photon pénètre, le granule se gonfle et quand il sort, le granule retrouve son volume antérieur.
Le changement de volume est proportionnel à la quantité d'énergie de ce quantum.

Ce qu'on sait c'est que le photon entre dans le granule et s'y déplace, allant du point d'entrée au point de sortie à la vitesse de la gravitation – pas la vitesse de la lumière.
La vitese de la gravitation est « C » la vitesse de la lumière idéale.

Ça c'est Scifa.

Le fait que le photon en mouvement suive les lois de la gravitation supporte le concept que le photon n'est pas qu'énergie ; mais bien de l'énergie portée par un morceau de « réel », de « concret », par un Vi.
Autrement dit : le granule contient un Vi inerte. Quand une vague d'énergie, Eros, l'agite ou le pousse, le Vi en est gonflé, il sort de son granule et pénètre dans un autre qui, maintenant en contient deux.
Le Vi porté suit sa route et l'autre reste à sa place.
Le fait que le Vi se comporte comme quelque chose de réel

contredit KeinStein.

La description qu'on y trouve affirme que rien ne bouge, que rien de concret n'existe. Maintenant, ici, nous arrivons à la conclusion que si!, il y a quelque chose de « réel » qui se déplace sans respecter les limites des granules, sans devoir rester prisonnier dans un granule.

Mais revenons-en au quantum.

Postulat : la charge énergétique d'un quantum est un attribut perpétuel. Rien ne la change mais elle peut être exprimée de diverses manières.

Postulat : le Vi qui a été expulsé d'un granule au premier instant ne peut être remplacé et par conséquent, il y a maintenant dans le RET, à côté des vis qui portent des quantums

des granules sans Vi.

Le compte total de Vi dans le RET est inchangé, mais la localisation, la distribution des Vis est différente.

Les granules dont sont sortis les premiers photons sont mutilés.

Ces granules mutilés occupent un plus petit volume parce qu'ils ont perdu un Vi, une partie 'réelle' de la substance du granule standard.

La présence de ces granules amputés altère l'uniformité du RET comme le font les nids-de-poule dans l'asphalte de la chaussée.

Aristote et nous

Nous appelons

« Manque »

ce granule qui occupe un espace réduit.

Ce qui nous ramène à Aristote : *horror vacui*

Cette horreur motive le Ga à combler cette cavité potentielle, à anuler sa présence, à réduire ses effets, ce qui devrait inspirer le département de la voirie.
Le RET y parvient vite, effet interprété comme **attraction universelle.**

Merci **Newton.**

C'est ici qu'il faut placer l'histoire du Croissant chaud.
La trace que fait le croissant chaud qui tombe dans la motte de beurre se maintient quand on le retire.
Au contraire, le trou fait dans le café par le croissant qu'on y trempe disparait dès que le croissant n'y est plus. Le 'trou' dans le café disparait comme si quelque chose attirait le liquide pour qu'il reprenne la place ... s'il y a quelques miettes à la surface du liquide, on les voit se diriger vers le centre dès que le croissant est sorti. C'est come si elles étaient attirées... gravitation ?
En fait elles ne sont pas attirées, mais poussées.

C'est une illustration visuelle de l'effet des manques, mais pas tout à fait le même phénomène.

En fait, le remplissage se doit aux forces adhésives et cohésives de la goutte, de Ga, forces que nous avons mentionnées, forces qui étirent le granule blessé et en même temps étirent, aspirent, sucent les granules voisins ou, vu sous un autre angle, permettent aux granules voisins de s'étendre et d'occuper une plus grande place dans le lit.
De fait, tous les granules du RET sont étirés en proportion de leur éloignement.

voici un bon endroit pour une révision de physique élémentaire :
$$f = mm'/d^2$$
Effet d'autant plus faible que la distance est plus grande.
Faible, mais présent.

Le champ gravitacionel, c'est ça.

Il n'y a pas d'espace vide, pas de trou.
C'est un effet universel.

Merci Aristote.

Einstein avait raison de l'appeler force fictive.
Maintenant, suite à notre description, à notre apport scientifique, le monde saura que ce n'est pas une attraction simple ; c'est l'effet de propriétés universelles des gouttes, des liquides.
Nous continuerons à l'appeler gravitation.

C'est ce phénomène qui crée l'attraction universelle. Au début du texte, nous avons mentionné les forces en présence.

Les Manques sont responsables de l'effet gravitationnel des masses.
Il n'y a aucune autre source de cette force.

Sautant quelques cases ; nous affirmons que tout ce qui a une masse est composé en partie de manques puisque c'est ce qui manifeste de la gravitation.
C'est vrai pour la matière, les atomes, vrai aussi pour les électrons, les positrons … nous y venons.

Comme tous les granules occupent le même volume et que tout les Vis sont identiques, tous les manques ont la même taille.

7. Effet des manques

sur la trajectoire des photons.

Les manques altèrent l'uniformité du RET ce qui influence la forme des granules.

Les Manques étirent le RET.

Ils créent de la gravitation et peuvent donc s'attirer les uns les autres, au point de former une caverne, une grotte. Cette organisation génère une gravitation plus puissante que celle d'un manque isolé.

A proximité d'un manque, la course du photon est déviée. Le photon alors tourne un peu. S'il pénètre dans l'une de ces grottes, lq première déviation est suivie d'une autre, puis d'une trosième, etc… de sorte que finalement le photon suit une trajectoire sphérique à l'intérieur de la grotte, dont il ne peut pas en sortir.

Cette grotte est un une mini-Cave Noires, un mini Trou Noir.

L'ensemble (mini-cave)-photon est un élément stable ;

C'est la première étape de la formation de matière.

Le corps ainsi formé d'un photon capté dans une Cave de manques, nous l'appelons

AY

L'Ay est le premier objet matériel.

Nous avons dit que pour nous les caractéristiques physiques essentielles de la matière sont :

1. La matière occupe de l'espace
2. La matière manifeste des forces gravitationnelles.

   Ce sont précisément les traits physiques de l'Ay.

1. **Par son photon l'Ay occupe de l'espace**
2. **Les Manques de l'Ay créent des forces gravitationnelles.**

Toute la matière de l'Univers est composée de groupes simples ou complexes d'Ays, exclusivement.

Il n'y a pas de matière sans Ays.

Nous venons de divulguer les deux premières étapes de la création.
Nous craignons que le lecteur ne porte que peu d'attention à cette affirmation qui pour nous est essentiele. Et donc :

Prenez-en note !

Nous venons de décrire comment se sont créés les premiers éléments matériels, les Ays, par capture de photons par des groupes de manques.

Autrement dit, dans la matière il n'y a que manques et photons accouplés, photons qui sont des Vis portant de l'énergie dynamique, des quantums.

Il n'existe pas de formation plus complexe que le Ay.

La matière est faite, exclusivement de manques qui ne bougent pas ou fort peu, qui n'ont pas de substance, et de photons qui portent des quantums, de l'énergie dynamique, photons qui occupent de l'espace.

Ce sont ces photons internes, internés qui donnent à la matière, aux masses, leurs tailles et leur présence.

Comme il y a toutes sortes de photons, il y a toutes sortes d'Ays.

Ceci nous permet de conclure que la matière, les masses, est l'expression de l'énergie dissimulée dans les Ays, celle de photons et de rien d'autre, en d'autres termes que masse et énergie dynamique sont deux aspects, deux aspects de la même réalité.

Masse et énergie sont équivalentes.

Il nous semble que ça a déjà été dit :

$$E = mc^2$$

Ce qu'Einstein a exposé est bien plus complexe et compliqué, mais au niveau du lecteur commun sa description dit exactement la même chose :

Matière et énergie sont équivalentes.

L'Ay est un photon qui a perdu la liberté de circuler à la vitesse 'C' ; mais il a gardé sa taille et son quantum.

Autre aléa de la vie du photon : il y a parfois capture temporaire d'un photon quand il s'unit à un électron gravitant autour d'un noyau.

Dans l'explosion atomique, les Ays sont détruits et les photons, les porteurs de l'énergie dynamique sont libérés.

Par cette libération la matière est détruite, la masse disparait.

Ces photons libérés causent chaleur et souffle puissant.

En même temps quelques manques libérés tentent d'établir de nouveaux liens … il se forme de nouveaux atomes, instables … radioactifs … nous laisserons les physiciens imaginer les détails.
Et un certain nombre de manques restent isolés, se joignant irréversiblement à la foule des manques qui composent la Matière Noire.

Cette perte de masse est l'un des facteurs qui augmente l'entropie.

L'existence du RET et le fait qu'il est continu, sans espace vide, explique les ondes gravitationnelles prédites par Einstein, ondes observées récemment.
L'usage de notre modèle permet à tous d'arriver à la même prédiction sans effort.

Progressivement, dans les premières secondes de la création affirme la Scifa, le nombre de photons (et de manques) augmente, la tension du RET se fait de plus en plus irrégulière, de moins en moins relaxe.

L'augmentation de la masse d'un objet matériel augmente son influence sur le comportement des photons : Nous venons de voir l'altération de la trajectoire, mais il y a plus. Scifa l'a démontré.

Ce que nous sommes en train de décrire est la formation de la matière,

Le second pas de la Création.

Ce qui importe avec le manque, ce n'est pas que le granule soit mutilé, c'est la dépression, le vide partiel. Comme ce creux se trouve hors du granule, nous pensons qu'il peut se déplacer.

Comment y parvient-il ? nous avons joué avec quelques théories, aucune tout à fait satisfaisante.

Nous allons nous en tenir à **un autre postulat** :

Le manque se déplace dans le RET ce qui permet la formation de matière.

Comme les manques sont mobiles et comme ils génèrent de l'attraction, nous avons vu certains d'entre eux s'attirer respectivement, formant ainsi des montages attrayants :

Il y a des petits montages qui font les caves des Ays, et il y a des gros montages : ce sont des Caves Noires, les Trous Noirs Primodiaux détectés par Scifa.

Nous n'aimons pas le mot Trou car ce ne sont pas des trous : on pourrait dire Cave ou Œil comme pour les ouragans.

Nous dirons Cave ! et donc, **Caves Noires** primordiales.

Elle se forment dès les premiers instants, en même temps que les premiers Ays.

La formation d'agglomérats de Manques se répète lors de la désintégration des étoiles, dans la fin de leur existence, une condition locale qui copie les premiers instants de la création, car la destruction d'Ays libère de nombreux photons et de nombreux manques.

C'est par ce procédé que se forment les « Caves Noires » post mortem des étoiles.

Retournons étudier le deuxième pas de la Création.

Propagation du photon :

Vraie vélocité de la lumière

Vélocité absolue de la lumière.

Il nous semble que le Vi chargé d'un quantum pénètre dans un granule puis le parcourt. Etant « réel », le Vi obéit aux lois de la matière ; c'est pouquoi il avance dans le granule à la vitesse de la gravitation, la vitesse universelle « C ».

Le photon est détecté quand il passe d'un granule au suivant. La vitesse vraie du photon, vélocité de la lumière, est déterminée par le temps qui s'écoule entre son entrée dans un granule et son arrivée au suivant.

Autrement dit, la vélocité du photon est déterminée par le

temps qu'il faut au Vi pour faire son voyage à l'intérieur du granule, temps qui dépend de la taille du granule.

Cette taille n'est ni universelle ni permanente.

La taille du granule dépend
- **de la taille du photon qui le parcourt**
- **et de la force locale de la gravitation**

et comme nous venons de le dire, la taille du photon est fonction de l'énergie qu'il porte, de son moment, de son quantum.

Quand le photon est soumis à la graviation il est aspiré, sucé, la taille du granule où il se trouve augmente.

Plus la gravitation est intense, plus le granule est gonflé, alongé.

A l'intérieur du granule, la vélocité du Vi est celle de la matière, la vélocité « c » absolue. Cette vélocité est constante, mais celle de la lumière observée ne l'est pas.

Plus le granule est alongé, plus il faut de temps au Vi pour le parcourir et par suite

plus il faut de temps pour que le photon soit observé.

La véritable vitesse de ce photon est plus basse que « C » même si, pour l'observateur, la vitesse est bien « C » comme Einstein l'a enseigné.

La vélocité de la lumière observée diminue avec l'augmentation de la tension locale du RET.

c'est Scifa.

L'influence de la gravitation sur la vélocité de la lumière est prouvée.

C'est un point très important. Il sépare notre description de la description académique de la création et de l'évolution de notre univers.
Einstein l'avait bien compris qui enseigna que la vélocité de la lumière dépend de l'endroit où le photon est observé.
Autrement dit, la vitesse de la lumière semble constante, mais elle ne l'est pas.

Comme en d'autres occasions, dans le cas du puits par exemple, il a bien décrit les choses mais sans en savoir le pourquoi.
Plus la gravitation locale est intense, plus il faut de temps au photon pour traverser le granule. Par suite, le Vi est détecté tard par rapport à la vélocité idéale de la lumière et donc, la vitesse de la lumière observée est ralentie.

Passons à la fréquence du photon.

L'onde vibratoire du photon, son expression électromagnétique est causée par les vibrations de la peau du granule.

Postulat : l'univers tout entier vibre sans arrêt. Nous postulons que c'est l'origine de l'électricité, et secondairement du magnétisme, deux forces que la Science observe mais dont les origines sont tout à fait inconnues.

Allons-nous tenter de la découvrir ? pas maintenant, et en fait ce sera fait par d'autres.

La fréquence de la peau du granule n'est pas synchonisée avec la vibration universelle ; tout dépend de la tension de la peau.

Quand le granule contient un photon il est gonflé et sa peau est donc étirée.

Le grossissement du granule dépend de l'intensité du photon qui le traverse, de la charge énergétique.

Plus le quantum est puissant, plus le granule est gonflé ; plus le granule est gonflé, plus sa peau est étirée, tendue.

Comme c'est le cas pour la corde du violon, la fréquence de la vibration dépend de la tension.

Plus la corde est tendue, plus la note est haute.

La peau est donc altenativement en phase ou non avec la vibration universelle. C'est un phénomène mécanique, alternatif, c'est l'électricité.

La tension de la peau dépend
- de l'intensité du quantum
- du champ gravitationnel local.

Quand le quantum passe d'une aire détendue à une aire stressée, d'un endroit où les granules sont courts à un autre où ils sont alongés, la fréquence émise change – comme dans l'exemple du violon – elle passe de basse fréquence à fréquence plus elevée.

L'onde électromagnétique change <u>du rouge au bleu.</u>

C'est le bleuissement de l'onde, phénomène complètement réversible parce qu'il n'affecte en rien le quantum.

Ce n'est pas l'interprétation d'Einstein, mais c'est tout à fait cohérent dans notre modèle.

Autre dit : c'est Scifa ; c'est hallal ; c'est cachère.

Retour maintenant à la Création,
au début de toutes choses.

8. Création de la matière

A l'instant BB le RET est complètemenet relaxé, sa tension est minimale.

Comme nous l'avons indiqué, la formation de photons débute dans un milieu encore libre d'influences gravitationnelles, influences qui se créent en même temps.

En quelques instants les photons sont formés ; ils circulent en grand nombre à la vitesse de la lumière qui est encore la vitesse de la gravitation.

Eros stimule Oom ; c'est-à-dire le RET et Mu en même temps.

Ses ondes se déplacent dans le RET à la **vitesse de la lumière** et se déplacent en Mu à une **vitessse superluminique**.

Comme une partie du message et de l'énergie avance plus vite que la lumière, la formation de photons et de manques se fait pratiquement dans le RET tout entier sans attendre la confirmation par les photons qui circulent dans le RET.

Beaucoup de photons très rapides ; la science l'a détecté ; elle parle d'une très haute température.

Rapidement certains de ces photons s'unissent et forment des Ays avec les manques qui sont apparus en même temps.

La formation de ces ensembles diminue le nombre de photons libres ; la 'température' baisse donc. La présence de nombreux manques et la formation intensive de Ays, tend le RET de sorte que la vélocité des photons diminue. La température baisse plus encore.

L'Académie a détecté tout ça ; elle interprète l'abaissement de la température comme preuve d'une expansion de l'univers.

A notre avis ; il n'y a rien de tel.

Les photons sont formés, tout neufs, par l'avancée de l'onde Eros dans le RET tout entier. Cette avancée est très rapide, plus rapide que la vitesse de la lumière. On vient de le voir.

Dès que l'onde parvient aux limites de la goutte, la formation de photons et de manques cesse.

Formation des Ays

Nous pensions que nous n'avions pas assez d'informations pour imaginer les étapes suivantes de la formation de la matière.

Erreur, nous les avons !

Une publicité publiée il y a quelques jours attira notre attention sur les neutrinos.

Nous avions oublié ces particules mal connues.

En lisant l'annonce nous avons identifié les échelons qui nous manquaient pour relier les descriptions académiques de la matière, des atomes, et notre modèle.

D'un seul coup tout s'est simplifié.

Au début, pas de matière

A la fin, toutes les sortes de matière, de particules, d'atomes. Nous pouvons maintenant écrire l'histoire de la formation du monde matériel.

1. **L'absence éternelle**
2. **Formation de photons et manques**
3. **Formation des Ays.**

On se souvient des Ays

Leurs photons apportent masse et énergie
Leur manque crée la gravitation
Et donc : l'Ay est matériel.
C'est la forme fondamentale, primitive, première de la matière
Tout le reste est composés d'Ays et
probablement de rien d'autre
nous le répétons parce que c'est essentiel.

4. **Formation de neutrinos.**

Nous supposons que certains Ays s'attirent l'un l'autre par leurs forces gravitationnelles. Ils s'assemblent et forment divers types de montages stables :
les Ays ne sont pas tous identiques, leurs photons n'ont pas tous la même charge : il y a donc formation de divers types de montages.

Ces montages sont les **Neutrinos**.

Comment on passe des neutrinos aux aspects plus complexes de la matière, fermions et autres, la Science le décrit déjà assez bien.

Nous supposons qu'il ne faut pas plus que quatre ou cinq Ays pour former un neutrino :
La masse de l'électron est connue, celle d'autres neutrinos l'est aussi ; il doit donc être possible de découvrir combien d'Ays et quels types d'Ays se trouvent dans les divers neutrinos : c'est loin de nos capacités.
Et nous ne voyons pas comment un neutrino, un montage d'Ays parvient à établir une charge électrique fixe dans un univers qui vibre.
Nous croyons que le positron est un neutrino : reste à savoir comment il établit une charge électrique stable.

C'est à ce niveau d'organisation que se sont formées les particules électriques.

Malheureusement l'électron semble être different ;
à notre avis, quand le concept d'électricité et celui de manque auront été assimilés, ce problème sera résolu.

L'électron est un neutrino et sa masse est connue (rest energy de 0.511 MeV09). Il est probable que les masses d'autres neutrinos sont connues elles aussi et qu'on pourra estimer le nombre de Ays en chaque neutrino.

Le magnétisme, comme nous l'avons expliqué dans d'autres textes, n'est qu'un effet des mouvements de particules électriques ;

Nous insistons lourdement : il n'y a pas de particules électriques et pas de particules magnétiques.

Les particules électriques sont des créations comme toute matière. Les Ays sont eux aussi des créations.

Ce qui existe c'est le RET, les granules, les Vis et l'énergie.
    Sans oublier « A ».

On peut économiser en abandonnant la recherche du pôle Nord magnétique.

On remarque que certains neutrinos sont insensibles à l'électricité, ce qui est étonnant puisque les Ays contiennent des photons… un détail de plus à s'expliquer.

Nous nous aventurons hors de notre domaine.

Il faudra une bonne quantité de mathématiques.

Ces idées déraisonnables nous permettent de comprendre, finalement le concept intuitif qui fut le nôtre il y a une vingtaine d'années.

Le concept de l'électricité. Nous en avons déjà tout dit.

Ne devons-nous pas décider de limiter notre étude de la formation de la matière au point où nous en sommes ?

Nous admitons notre ignorance et nos limites.

5. **Formation du reste, échelons que la Science décrit assez bien.**

Le début de la Création ; ça, la Science ne l'a pas bien compris.

Nous pouvons maintenant poursuivre notre description de l'Univers.

Pourquoi nous priver de soumettre une suggestion qui vient de nous passer par la tête ?

Nous venons de décrire comment des Ays indépendants se sont accouplés par attractions réciproques et ont formé des ensembles plus complexes, plus vastes, les neutrinos et sans doute ensuite divers fermions. Nous abandonnons cet élargissement de notre 'Science', mais ? existe-t-il des groupements d'Ays sans organisation ?

Pourquoi pas ?
L'une des caractéristiques de l'Ay est sa propriété gravitationnelle : nous suggérons que cette propriété a mené et mène à la formation de groupements, boules, paquets d'Ays sans organisation.
La logique nous porte à être sûrs que de telles boules existent.

La planète 9, la planète X nous semble un bon candidat.
La planète X est un concept créé suite au comportement anormal de certaines de nos planètes ; comportement qui indique la présence d'une autre planète, mais sans qu'on en trouve de preuvse concrète :

Une boule de Ays serait et agirait comme un 'Trou Noir' ; ce que nous appelons 'Cave Noire' car ce n'est pas un trou.

Elle attirerait la matière, les photons et autres ensembles ;
elle aurait tendance à croître.
Cet amas se déplacerait dans l'espace et capturerait toutes
sortes de choses comme le font les 'caves', ils auraient
tendance à croître. Il attirerait tous les Ays libres.

Lançons-nous ! nous pourrions les appeler des Nids d'Ays .
NIDAYS, pour les distinguer des Noyaux Noirs formés par
d'autres situations.
On peut se demander si la planète X s'étendra au point de
former une véritable planère, capturant et accumulant des
morceaux solides pendant ses déplacements.
Est-ce ainsi que s'est formée la Lune ? La Lune a-t-elle un
Niday en son centre ?

Autre mystère résolu ?

Nous sommes arrivés en très peu de temps depuis l'instant
'1', instant BB, à un point où il y a beaucoup de matière, de
nombreux types d'atomes qui se collent en poussières, puis
en matière spatiale, météorites, étoiles et planètes... bien de
la matière !

Beaucoup de matière, ça veut dire beaucoup d'influence
gravitationelle et par conséquent beaucoup de compressions
de l'espace, du RET.

Le volume total de la goutte, d'Oom est réduit.

Le « Jœu » est le jeu de « je »

Nous concevons que ceci cause une augmentation de la tension du RET et une diminution du nombre de photons libres.

L'augmentation de la tension du RET est l'effet gravitationel qui commence à être perçu. Cette augmentation provoque un ralentissement des photons – nous venons de voir le lien qui unit gravitation et vélocité de la lumière – et la température de l'univers commence à diminuer.

Nous en sommes au point où le nombre de photons et leur vélocité sont si réduits qu'il n'y a pratiquement plus assez d'énergie pour que se poursuive la synthèse de matière.
Il y a un plateau dans l'évolution de la tension moyenne du RET, la quantité de matière dans l'univers a atteint son acmé et la tension du RET arrive à son sommet.

Tout ceci est Scifa

A partir de ce moment les seuls changements de la tension du RET sont des diminutions.
Il y a plus de destruction de matière que de formation.
Le RET se relaxe progressivement : c'est l'augmentation de l'entropie décrite par le second principe de thermodynami-que.
Relaxation signifie que les photons peuvent recouvrer progressivsement leur vélocité originale.

Scifa aussi !

Augmentation de l'entropie signifie de moins en moins de matière, de plus en plus d'énergie libre, de photons libres. Signifie aussi une baisse globale de la tension du RET et augmentation progressive de sa relaxation.
Notre description rejoint l'univers einsteinien.

Si on étudie l'expérience de Pound-Rebka on peut suivre aisément les conséquences de cette situation.

Le sommet de la tour est dans un RET plus détendu que le RET au sol. Plus relaxe parce que plus loin du centre de la Terre.
Pour cette raison, les photons sont plus rapides au sommet qu'au sol.
Nous venons de le voir, mais nous préférons insister lourdement pour que les conclusions se digèrent plus facilement, conclusions révolutionnaires.

Gavage : Technique utilisée pour faire le Foie Gras.

Révolutionnaires parce qu'elles démontrent la faiblesse du mythe de l'expansion de l'Univers.
Remarquons au passage qu'il y a au moins un autre modèle de la Scifi qui s'oppose à l'idée d'une expansion de l'univers et à celle de la singularité : c'est la théorie Phénix ou Big Bounce.

Nous ignorons si elle nuit à notre modèle du début de la Création.

Il semble qu'elle appuie notre rejet du mythe de l'expansion. Reprenons le cours de notre discours.

Le granule du sommet n'est pas aussi étiré que le granule de la base et donc, sa peau est plus détendue.
Comme elle est plus détendue, elle vibre avec une fréquence plus basse et donc

- le photon qu'on y voit est Rouge.

Au pied de la tour au contraire, peau de granule plus étirée ; fréquence plus élevée

- le photon qu'on y voit est Bleu.

L'augmentation de la force gravitationelle dévie le spectre de la lumière vers le bleu.

Eintein nomma ce phénomène 'puits gravitationel' : il ne semble pas avoir compris ce qui le cause.

Et maintenant osons scandaliser les gens :
Juste après le BB, le RET était complètement relaxé et c'est pourquoi les photons étaient particulièrement rapides. Rien d'inattendu.
La matière est créée ce qui étire le RET entre les particules, comme s'il était coagulé ou aspiré au milieu, étirement qui augmente à mesure de la formation de toujours plus de matière.

On arrive au maximum ; il n'y a pratiquement plus de formation de matière, la tension moyenne du RET, TMR, est à son maximum.

Le Ga tout entier est comprimé comme une balle de caoutchouc dans un poing serré.

Souvenons-nous que Oom est une goutte, il n'a pas de parois rigides.

L'augmentaton de l'entropie commence à se remarquer sérieusement. L'entropie augmente à mesure qu'il y a destruction de matière. La tension moyenne, TMR décroît.

Par exemple, la création de noyaux plus lourds dans la bombe H a un solde négatif. Il y a maintenant des atomes lourds alors qu'il n'y en avait pas, mais la masse totale a diminué avec l'explosion.

La masse totale dépend du nombre de Ays, l'explosion est la destruction d'Ays avec libération de photons. Il y a donc moins d'Ays après l'explosion, moins de massse.

Tout un domaine de physique que les vrais scientifiques devront creuser.

Destruction de matière : pourquoi ? il y aurait une force derrière ça ? Effet de Thanatos ?

La désintégration diminue la tension moyenne du RET :

Le poing se relaxe peu à peu, la goutte retrouve son volume.

La vélocité des photons croît en fonction du temps, de sorte que le temps semble être une quatrième dimention.

Ce qui justifie, appuie notre description de notre univers et de son passé :

Oom est une goutte
Il n'y a pas d'expansion.

Notre description du photon explique sa double nature

- d'un côté progression spatiale du photon, d'un quantum d'énergie porté par un Vi qui est « réel » et concret : photon granulaire
- en même temps agitation du Ga voisin par les vibrations de la peau du granule, agitation résultant en formation de signaux électromagnétiques. Photon vibratoire.

Il nous semble que ceci soit un bon endroit pour faire montre d'un peu d'humilité. Notre description contient un grand nombre de points faibles.

La théorie des supercordes, l'une de ces théories au moins, mentionne 23 dimensions, en fait 23 facteurs … Il nous en manque la moitié.

Nous pensons que les physiciens parviendront à produire les explications correctes, et que certaines d'entre elles nous contrediront.

Ce serait tragique si nous prétendions être des scientifiques … nous insistons : nous sommes des artistes, des rêveurs.

Nous ne nous excusons de rien parce que nous avons dit, dès le début que cet exposé est rêve et non science.

Nous ne montrons rien de plus qu'un squelette, une cuirasse

9. Quatrième dimension

Le RET est l'ensemble des granules.

Dans l'Oom, il n'y a pas d'espace vide, les granules ne se déplacent pas, mais leur forme change sans arrêt à cause de toutes les activités qui ont lieu dans le Ga, activités qui causent des ondes, des variations de pression dans tous les sens.

Dans un premier temps, pendant les premières minutes, la formation de manques puis celle d'Ays, et finalement la formation de toute la matière tend, crispe le RET tout entier,

sa tension moyenne – Tension Moyenne du RET = TMR – augmente jusqu'à un maximum.

Le volume de Oom diminue.

Le RET tout entier communique, informe sur les activités de toutes les aires par pressions mécaniques et ondes en Mu.

Puis, le RET tout entier commence sa détente continue, un changement mécanique qui affecte tout ce qui est et tout ce qui se passe.

Détente continue ? et comment ? par quel procédé ?

L'augmentation de l'entropie, a-t-elle une cause ?

Il y a une force qui s'exerce, c'est logique. Et de nouveau on peut penser au principe 'Ex nihil…' mais sans doute, ce n'est pas un effet d'Eros.

En d'autres occasions nous avons mentionné l'existence d'une autre force, **Thanatos.**

Thanatos est la force qui tente de calmer, de tout stabiliser. Avant l'instant BB, à l'intérieur de l'Oom, Ga est tranquile et uniforme : pas de mouvement, pas de structure. C'est un état qui est causé par Thanatos.

Suite à la pénétration par Eros, Thanatos est repoussé et les évènements commencent.

L'agitation du début se calme progressivement, Thanatos commence à être perçu.

Thanatos est ce qui facilite la formation de particules à partir de photons et de manques.

Nous donnons des noms aux forces en présence pour faciliter leur repérage.

On peut voir la création et l'évolution comme un paysage. Une plaque tectonique avance à toute vitesse, c'est Eros, et se heurte à une autre plaque immobile, Thanatos.

Eros se dresse, une montagne.

Progressivement, les pluies, la gravitation (Thanatos) font tomber le sommet et finalement la montagne disparait, la paix s'établit, le sol est tel qu'il était avant tout, car rien n'a été ajouté, tout ce qui s'est passé c'est qu'il a été secoué. Il n'y pratiquement plus de cailloux, rien que des poussières , des piles de toutes sortes et de toutes formes.

Mais l'énergie Eros n'a pas disparu, elle est aussi éternelle que le Ga : elle est répartie ; on peut aussi penser qu'elle s'est accumulée en Caves Noires (trous noirs).

A moins qu'elle impose la forme du « patron », la forme de « A »… spéculez, spéculez…

Il nous revient à l'esprit la description de quelque gourou qui affirmait qu'en un premier temps un Pouroucha – un « Homme » - est entré dans l'univers et qu'après évolution complète de cet univers, le résultat est un « pouroucha »..

La création et l'évolution, si on regarde ça de loin, font un scénario identique. On peut déjà prévoir que viendra un jour, une ère où tout sera calme.

Vanitas vanitatis.

L'usage de ces noms et du schéma nous montre clairement qu'il ne faut pas plus que ces facteurs pour comprendre les divers processus de l'évolution.

1. Paix absolue
2. Agitation totale, désordre … Vive Eros !
3. Recherche de l'uniformité … thanatos qui cherche à prendre le contrôle… élimination des objets … Caves Noires (trous noirs) ?

Nous concentrer sur cette autre facteur actif, Thanatos, permet plus facilement de comprendre et d'accepter l'Energie Noire.

Ce schéma explique pourquoi le RET hors de la matière semble plein d'une énergie invisible : l'énergie Noire ou

Obscure.

Il n'est pas nécessaire que le lecteur voit en Thanatos un dieu, un Esprit quelconque.

Résumons : qu'y a-t-il ? qu'avons-nous ?

Le RET, réseau Espace-Temps constitué de granules malléables mais fixes.

Le quantum qui se montre en photon et cause les vibrations électro-magnétiques.

Photon composé d'un noyau réel, un Vi associé à une quantité inaltérable d'énergie Eros.

Bien ! nous avons l'essentiel du monde matériel, le monde décrit par la physique. Nous pensons que notre modèle est plus Scifa que le modèle scientifique actuel.

La formation de matière créa la gravitation qui freina, ralentit tous les mouvements.

La désintégration subséquente cause la relaxation ; et tous les mouvements en sont accélérés.

10. Biologie, vie

L'humain – nous dirons l'Homme – est soumis aux lois de la physique ainsi qu'à celles de la Biologie. Il faut décrire cet autre aspect de notre existence.

Dans le climat social actuel, dans les pays occidentaux on questionne de multiples façons la créature imaginaire que nous sommes, et il est possible que dire « Homme » soit socialement inacceptable.

Mais je viens d'un temps où cette appellation était parfaitement sociale comme il est encore juste d'utiliser le mot Homme pour nous distinguer des autres animaux. Pour moi, le présent n'est qu'une phase qui sera brève.

Ce changement est-il une correction pour un meilleur avenir ?

Non ce n'est qu'un accouchement douloureux, semblable en tout aux accouchements humains, où la boule sanglante des premiers instants se changera en un individu normal et sain !

On crée un nombre croissant de catégories avec l'intention d'unifier les membres de notre espèce ; mais en dernière analyse, on nous empoisonne tous. Nous pouvons voir comment on est en train de former notre société en quelque chose de désagréable pour la majorité d'entre nous, les hommes, qui sommes la majorité des humains.

On ne doit plus dire Sexe, mais genre de lui/elle/ ?... et

indiquer où se trouve l'individu dans la suite BCD, ensemble qui croît de jour en jour.

Je dis BCD à la place de n'importe laquelle des listes reconnues.

Ces listes ne cessent de croître et elles continueront à le faire. Je n'ai pas la mémoire nécessaire pour me tenir à jour, pas l'intérêt non plus. Et donc : « BCD ». Il permet d'inclure tout le « distinct » sans limiter notre attention à des détails associés à la sexualité.

La banière multicolore est une manifestation qui a eu son utilité, nécessaire, mais ellle ne peut pas être le drapeau de la paix des humains.

C'est le symbole d'une période. Nous disons que le prochain signe de ralliement, le prochain étendard doit être blanc, couleur de toutes les couleurs ; avec peut-être un symbole en or au milieu, son « CŒUR », pour montrer sa force.

Et le mot « Homme » représente parfaitement tous les individus de cette espère animale, comme nous disons chat et chien sans mention de leur sexe, de leur race ou de la couleur de leur poil.

Nous n'avons pas encore une explication irréfutable de l'origine de la vie.

Nous avons mentionné que, en pratique, accidentellement, des atomes se sont associés, se collant en une colonne, un axe.

Stalactites et stalagmites se forment spontanément.

Plus tard d'autres atomes ou molécules se sont déposés sur cette structure, formant un tube, une gaine.

Pour une raison quelconque ces ensembles se sont séparés formant ainsi deux moules, deux matrices, un axe et un tube ou si vous préférez un modèle Yang et un modèle Yin.

Le processus pouvait alors se répéter indéfiniment. Rien de vivant là-dedans.

Il y eut un moment où des acides aminés se sont organisés sur ces supports, créant des organismes vivants.

Evènements fortuits.

Il y a des gens qui affirment que la vie sur Terre nous est venue de Mars. Mais ? comment débuta la vie sur cette planète ?

La vie est terrestre, sans doute aucun ; et il y en a aussi, sur d'autres planètes : autre création parallèle. Ça, nous y croyons, mais nous n'en aurons jamais la preuve.

Pourquoi la vie ?

En fait nous n'en savons rien.

Personnellement nous avons du mal à croire qu'une quelconque entité divine ait apporté le modèle, mais d'un autre côté, il est possible qu'il y ait un programme « vie ». Nous laissons la question à d'autres ; à moins que nous en soyons inspiré un jour ou l'autre.

Devons-nous nous attendre à d'autres révélations ?

Continuons :

Bien ! la vie a commencé avec une créature unicellulaire. Ce n'était pas vraiment une cellule au début, mais ne perdons pas notre temps ; c'est bien assez complexe comme c'est.

Nous disons donc Cellule pour les êtres vivants les plus simples.

De toutes façons, ces êtres apprennent rapidement à s'entourer d'une membrane, ce qui en fait de vraies cellules.

Les rapports entre ces créatures et le reste du monde est fort simple, binaire :

Ce que je toouche, ça se mange ?

ou non ?

Après un certain temps, divers types de cellules s'organisent en groupements : colonies de cellules identiques, puis associations avec d'autres types de cellules.

C'est le second pas de la biologie :

le Tissu

Il y a maintenant communication avec des amis, une addition à la vision binaire du début.

Sautons quelques étapes. Nous les décribons dans d'autres textes et le lecteur peut facilement combler les blancs.

Le tissu se dépose sur une surface inerte, ce qui facilite la formation d'une poche.

Cette poche,

c'est l'**Hydre**

Elle a un espace interne vide qui peut être relié au monde extérieur ou pas, quand elle le veut, pour capturer des proies ou pour éliminer les déchets après digestion. Son corps change de forme, il peut se déplacer à volonté car il a des fibres musculaires contractiles qui servent aussi de nerfs :

L'hydre est le premier animal … animal puisqu'il est animé.

C'est à ce niveau de structuration qu'apparaissent la reproduction sexuée et l'apoptose, la mort programmée, programmes communs à toutes les formes animales suivantes.

Le progrès suivant c'est la formation du tube :
le VER

L'intérieur de l'hydre, maintenant, se relie au monde extérieur par un second orifice. L'un des deux sert de bouche, l'autre d'anus : la nourriture va de l'un à l'autre à mesure de la digestion, processus qu'utiliseront tous les animaux ultérieurs.

C'est ainsi qu'est né le tube.
Ce premier tube est la base, le modèle de nombreux progrès évolutionnaires. Sur ce modèle se forment un tube externe pour la protection de l'intérieur – la peau – un tube locomoteur, un tube digestif, un tube pour qu'y circule le sang, un tube pour la reproduction … le lecteur complètera la liste sans efforts.

Même programme… la Nature ou le Créateur ne se fatigue pas à inventer plus que le strict nécessaire.
Il ou Elle préfère adapter.

Le Ver est la forme de vie numéro 4.

Après cette étape, le tube externe crée les fonctions de respiration et de déplacement avec appuis rigides – c'est l'origine des membres et des pièces buccales.

Ce sont des outils assez solides pour améliorer les chances de survie dans un monde matériel dur doublé d'un monde biologique affamé et hostile.

Durant cette phase deux spécialisations se manifestent ; une : adaptation à la vie aquatique, une autre : adaptation à la vie aérienne sur la terre ferme.

- L'aquatique, dans sa forme la plus évoluée est l'**agnathe**, un tube sans machoîres
- Le terrestre dans son expression la plus avancée, l'**insecte**.

Ces animaux sont cousins, ils ont de nombreux gènes communs, ce qui explique les évolutions suivantes.

Il a été observé que, parfois, des cousins ont des rapports sexuels. Il arrive qu'il en sorte des espèces nouvelles portant des traits de chacun des deux ancêtres, il peut en résulter des anomalies dit-on.

En fait, les traits indésirables propres à cette famille ont plus de chances d'être exprimés.

Dans certaines sociétés on interdit les mariages consanguins, mais curieusement, le « peuple élu », tel que décrit dans la Bible est parfaitement consanguin : en théorie, tous les mâles de cette population portent les mêmes chromosomes Y .

Parfois, les anomalies sont des améliorations, des

enrichisssements.

C'est ce qui a produit l'**étape 5.**

d'un côté de la famille, la **myxine**, un poisson

et

de l'autre, l'**insecte.**

Et ce qu'on avait dit possible est arrivé : de nouveaux types d'animaux ont été générés.

Mais par un procédé encore inconnu, dans cet accouplement les gènes des deux ancêtres se sont logés en un seul noyau. C'est notre théorie et nous l'avons supporté il y a une vingtaine d'années. On trouve la description de cette thèse dans l'internet.

Le génome de ces nouveaux animaux est deux fois plus lourd, plus riche que le génome de la Myxine, ou, vu par l'autre côté, deux fois plus lourd que celui de l'insecte.

Nous sommes témoins d'un saut évolutionnaire… grand pas pour l'humanité.
La Science commune dit que c'est dû à une rare multiplication du génome.

$$2 \times 1 = 2$$

Nous, nous affirmons que c'est une addition

$$1 + 1 = 2$$

L'anatomie, la physiologie, la psychologie appuient notre description.

Ensemble ils créent un animal qui est moitié l'un et moitié l'autre ; moitié myxine, moitié insecte.

Ce nouvel animal est le **vertébré.**

C'est notre ancêtre direct, le gnathostome dit la Science,
le **Bertébrel** disons-nous.

C'est l'étape 6

L'Homme est la forme la plus élaborée de cette étape.

Pratiquement, l'Homme,

la créature que, dans son rêve éveillé,chacun d'entre nous pense être,

l'Homme doit être vu comme l'étape 7 car il est plus que son corps.

11. L'Homme : Vous et Moi

Pendant son développement embryologique l'homme répète chacune de ces étapes.

Premièrement l'unicellulaire, l'ovule fécondé. Puis un tissu etc… et en bout de compte il lui faut choisir entre ses ancêtres :

Poisson ou insecte.

L'insecte est le premier qui dirige et le corps est formé mâle ou femelle.

Femelle en premier, mais femelle malléable qui peut croître en mâle si les gènes le commandent.

Puis c'est au tour du poisson de se manifester, poisson qui est la source du système nerveux abstrait, le lien indirect avec le monde extérieur, le système nerveux des songes, de la connaissance, de la conscience.

Si tout se déroule comme il faut, le système nerveux crée un être psychologique qui correspond au corps qui vient à peine de terminer sa formation.

Sinon, l'individu peut avoir un corps mâle et une personnalité et impulsions femelles.

Ou vice versa.

Nous simplifions énormément…

Ce n'est qu'un petit problème de programation, une faute de coordination, d'harmonie entre les héritages des deux familles.

Il y a beaucoup d'autres déviations, fautes d'harmonie entre les racines ancestrales et leurs expressions.

De fait, ce type d'accidents est la racine de l'évolution.

Certains des inadaptés parviennent à trouver des aliments ou des techniques qui leur donnent à manger, ou des armes que les ancêtres ne connaissaient pas… et ainsi s'infiltre un progrès.

Ces anomalies, nous les appelons

Altérations

Elles entrainent des comportements et des capacités, des aptitudes peu communes.

Etant exceptionels, insolites, les altérés ont été souvent socialement écartés ou même chassés et tués : comportement recommendé pendant les jours 4 et 5 de l'évolution sociale.

Il faut dire que, souvent, ils sont insensibles aux normes sociales car ils ne perçoivent pas le monde et les signaux sociaux comme tout un chacun. Manque ou aberration du programme.

Durant les époques où l'effort social portait sur l'enrichissement de l'humanité, effort matérialiste, c'est le cerveau rigide qui est préféré : <u>le cerveau mâle</u>.

Jour 4 ; jour d'Abraham et Moïse.

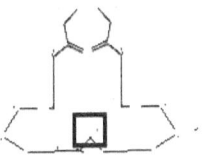

Deux milles ans plus tard : **Jour 5**

Jour de Jésus.

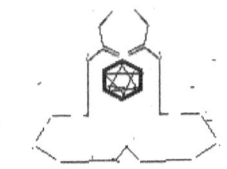

Ces manques de conformité génèrent des vues, des opinions, des constructions inusuelles et offrent ainsi parfois un enrichissement humain et social – mais à condition de bien se cacher.

Le rejet de l'égalité des femmes et la persécution des altérés a supporté l'orientation matérialiste des sociétés occidentales et entrainé le progrès dans la conquête du monde matériel : apporté la croissance de la richesse et par suite la croissance de la population humaine.

Ce but étant atteint, la société naturellement lève les interdits : femmes et altérés ouvrent le monde à l'immatériel.

Maintenant, il se peut que pour percevoir l'immatériel il faille de nouveaux points de vue, des sauts hors de la bouteille : altérés et femmes ont le droit de s'exprimer.

Leur inconformisme génétique, leur adaptabilité dévoilent de nouveaux horizons dont certains sont bien utiles.

Deux mille ans plus tard

Démarre maintenant le Jour 6.

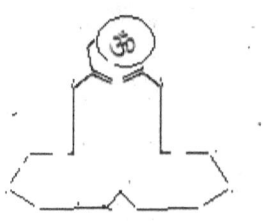

Nous élaborons sur ces sujets dans les livres antérieurs.

12. Manques, etc...

Nous avon vu que la matière c'est tout objet qui présente deux caractérisques de base : occuper de l'espace et générer un champ gravitationnel.

Définition simple : occuper de l'espace c'est dû à des photons, la gravitation, ce sont les manques qui la génère.

Gravitation c'est un cadeau de manques. La matière est composée d'au moins un Ay, c'est-à-dire d'un photon associé à un manque.

Révision nécessaire à notre avis.

Combien de manques ? et où ?

On peut voir à l'œil nu qu'il y a dans le ciel une énorme quantité de photons libres, indépendants.

On ne peut même pas voir tous ceux qui touchent notre œil parce que certains d'entre eux ont des fréquences invisibles pour nous.

Malgré cette limitation, quand on observe le ciel, de nuit sans lune, loin des villes et de leur pollution incessante, et avant que la science et la technologie remplissent le ciel d'émetteurs DEL des satellites de toutes sortes ... on voit que les étoiles sources de photons sont très nombreuses.

Faites-le tout de suite, allez voir dehors avant qu'il soit trop tard.

Ce qu'on voit, ce sont des photons libres ; et on voit qu'ils sont très nombreux.

Comme photons et manques sont nés ensembles,

nous pouvons estimer qu'il y a exactement

le même nombre de Manques indépendants, libres.

MAIS NON...

Sonvenons-nous des Caves Noires primordiales!

Il y a donc moins de manques en liberté que de photons libres.

Même s'ils sont isolés et de peu de force individuelle ces manques ont quelque influence et altèrent l'uniformité du RET. Chacune de ces manques a assez de force pour altérer un brin la trajectoire de photons.

C'est une influence individuelle faible mais comme ils sont nombreux ils jouent un rôle.

De plus nous ne devons pas oublier les Ays libres qui ont le même genre d'effet.

C'est ce qui a donné la notion de

Matière Noire ou Obscure.

Et voyez où nous en sommes arrivés : notre compréhension

de la formation des photons nous a permis de résoudre trois des grands mystères :

- ✓ **Attraction universelle**
- ✓ **Matière Noire**
- ✓ **Energie Noire**

Nous affirmons qu'il y a des manques indépendants partout dans le RET, et qu'il y a aussi des photons libres partout, même les masses matérielles. Nos téléphones nous l'indiquent sans arrêt.

La matière nous semble opaque, mais c'est seulement parce que notre corps a été fait pour nous simplifier la vie.

Si nous voyions les infra-rouges, nous serions dans un nuage épais parce que nous verions les molécules de l'air.

Si nous percevions les rayons X nous ne saurions distinguer la porte du mur.

Il y a des ondes électromagnétiques indépendantes qui circulent à travers les objets, rien n'est absolument opaque.

Et si on trouve des photons libres un peu partout, nous pouvons concevoir qu'il y a à peu près autant de manques universels :

Et c'est là que nous voulions en arriver.

Il y a des manques libres en tous lieux et même dans la matière la plus dense.

Les manques sont ils fixes, immobiles ?

Nous ne le croyons pas.

Et comment se déplacent-ils ?

Tous les granules changent de forme sans arrêt ; on peut concevoir qu'un granule est si écrasé que son Vi est poussé dans un granule qui a perdu le sien dans la formation d'un manque, et que ce Vi entre dans le granule vidé pendant que le granule écrasé devient le nouveau générateur de manque.

Autrement dit, nous ne savons pas ce qui se passe et nous passons la main aux savants.

On peut imaginer toutes sortes de mécanismes.

Ne perdons pas notre temps sur ce point, passons plutôt aux autres effets des manques.

Nous ne savons pas comment ils se déplacent mais nous allons copier Galilée

E por si muove

Nous aimons aussi cette autre citation de cet homme

Une fois découvertes toutes les vérités sont faciles à comprendre : la difficulté c'est de les découvrir.

Galilée : Merci.

Imaginons un rocher, il a des limites physiques.

Le RET est partout, il est dans le rocher comme il est dans ce qui l'entoure.

Mais dans le rocher, le RET est un peu comprimé.

Comme il est comprimé, les fotons libres qui y circulent le font avec une vélocité réduite… nous avons vu tout ça.

Et comme le RET interne est un peu comprimé, les manques libres qui s'y trouvent sont rappochés les uns des autres.

Ces manques maintenant ne sont plus aussi libres ; ils s'attirent entre eux, s'influencent, créant ainsi leur propre structure, une structure indépendante du RET ambiant, indépendante du RET universel.

Ces manques internes s'attirent, la structure interne ainsi formée est une image de notre rocher…

Cette image, nous l'appelons « **Charme** ».

Chaque objet a son charme, une image invisible, mais toutefois assez réelle pour influencer tout ce qui existe, une influence parallèle à celle de la matière, plus faible mais toutefois omniprésente qui se maintient aussi longtemps que l'objet qu'elle copie.

Oui ? et puis ?

Nous y arrivons … vous ne serez pas déçus

.

13. Les Mois

Retournons à la biologie.

L'évolution biologique s'est faite en six ou sept étapes successives. Le développement embryologique répète chacune de ces étapes, l'une après l'autre.

Premièrement la cellule unique, l'ovule fécondé.

Nous avons vu qu'il a un programme rudimentaire, binaire : ça se mange ou pas !

La cellule unique est entourée d'une membrane qui analyse tout selon ce programme de base, ce qui signifie qu'il y a une séparation entre 'je', (moi), et 'pas moi'.

Et comme nous l'avons décrit pour le rocher, ce 'je' a une image matérielle concrète, son 'Moi', jeu de gènes, et

ce 'Moi' a son **charme** représentatif.

- Le pas évolutionnaire suivant est le tissu, **étape 2**.

Le tissu a ses limites propres d'avec le monde extérieur et par suite sa notion 'Moi' distincte des 'Mois' des cellules individuelles qui le constituent. Ce « moi » est matériel, basé sur un jeu de gènes. Les cellules de base maintiennent leurs identités et charmes propres.

Nous avons donc maintenant deux niveaux de charmes,

deux images de manques.

Le Ga tout entier est parcouru par toutes sortes de vibrations, vibrations par photons, vibrations par les déformations des granules voisins, vibrations par messages en Mu … chacune de ces vibrations a ses caractéristiques propres ; elles sont détectées et déviées par les charmes de deux jeux de Mois.

La majorité des messages provient de l'extérieur de ces Mois, mais certaines viennent des charmes des deux jeux de Mois.

Il y a des séparations, des filtrations, des sélections … chaque jeu de Moi agissant comme un sas, un tamis, un chinois spécifique.

Vous nous suivez ?

Ces influences, bien sûr, opèrent en parallèle avec les influences matérielles.

Elles sont moins intenses, mais elles sont présentes et conséquentes. En d'autres mots, les charmes des Mois des composants biologiques ont une influence sur l'information qui circule dans le RET ; ils filtrent.

Le lecteur, à présent, sait tout ; il n'y a plus de mystères, tout est élucidé et assimilé, pas de surprises ni de difficultés à nous suivre dans de nouveaux niveaux, dans le progrès embryologique.

Etape suivante : l'**Hydre.**

Et tout se complique. Ce n'est pas seulement parce que, d'un seul coup il y a beaucoup plus de fonctions, mais principalement parce que nous nous trouvons en présence d'un système neuromusculaire, d'activités quasi-intellectuelles, des capacités d'adaptation aux mouvements imprévus du monde matériel.

Nous en prenons note, mais nous n'irons pas plus avant dans cette direcction.

Nous avons maintenant un nouveau niveau de Charme, l'image d'un Moi plus étendu et plus complexe.

Pourquoi ne pas profiter de notre présence à ce niveau d'organisation interne ? pourquoi ne pas y associer les enseignements des écoles spirituelles ésotériques ?

Ces enseignements reconnaissent les divers charmes et les classent en 'corps' ou 'plans'.

Le lecteur a probablement entendu ou lu des termes comme Plan Astral, plan Buddique, ou les Cochas, les corps comme manomaya cocha ou vijnanamaya Cocha …

Nous indiquons les équivalences et leurs propriétés dans d'autres textes. Voir l'image page 134.

Et le niveau 4 fait son apparition :

Le Tube.

Et bien sûr il a son propre Moi

Et ce Moi a son Charme.

Ensuite, **niveau 5**

L'insecte et son cousin

La myxine.

et finalement comme ultime enrichisssement, les deux cousins s'unissent intimement et le vertébré est conçu.

C'est le **niveau 6**

Le **vertébré**

Il y a encore une amélioration discrète, au-delà du vertébré simple, apparait l'Homme, **Niveau 7 :** il a un pied dans le monde concret, et l'autre dans des rêves.

Des Rêves ?

La notion que j'ai de ma personne et du monde alentour quand je suis éveillé est créée par l'activité de neurones, et c'est donc quelque chose de matériel.

Mais, est-ce biologique ?

Est-ce le niveau 7 ?

Sans aucun doute !

Nous ne nous plongerons pas dans les détails ; argumentations associées aux croyances traditionnelles ou rebelles...

En ceci nous nous frottons au domaine ésotérique et aux descriptions des 'voyants', chercheurs spiritistes et spirituels...

Limitons la scène toute entière. Nous, les humains, avons en nous un ensemble de charmes qui correspondent à chacun des niveaux de complexité dont nous avons hérité, ensemble qui forme un groupe de filtres.

Ces filtres agissent dans les deux sens ; ils nous permettent de percevoir que nous sommes influencés par les messages qui circulent dans l'univers, dans le Ga tout entier.

Ils nous permettent aussi d'émettre des informations sur notre personne, notre état de santé, nos activités et pensées, information qui a quelque influence sur le reste du monde et sur les sensations des autres humains.

Les recherches nouvelles en physique cantique font qu'il est plus facile d'imaginer ou au moins de considérer ces notions.

Tout ceci est prinicpalement inconscient, mais ce n'est pas sans effets.

Entre autres qualifications formelles, je suis psychologue et je dois reconnaitre que l'éducation que j'ai reçu en ce domaine n'a pas même le moindre soupçon de ce que j'ai décrit.

Si je sais quelque chose sur ces sujets ce n'est pas dû à l'éducation universitaire.

Les seules 'Sciences' qui parlent de ces sujets sont les ésotériques.

Le jeu, l'ensemble des 'charmes' et des Mois, ensemble de filtres et de conduits est l'**Ame**.

14.   Une Ame ?

Nos recherches et analyses établissent que, c'est vrai !
réellement il y a des âmes, et que chacun de nous en a une,
aussi individuelle que notre corps, notre visage, notre
cervelle, tout ce qui est nous.

C'est quelque chose d'immatériel, mais de réel. Elle a une
influence gravitationnelle, mais elle n'occupe pas et ne limite
pas d'espace.

Allons-nous creuser le sujet ici et maintenant ?

 Nous pensons nous satisfaire du plus concret, le moins
social et psychologique.

Nous mentionnons un niveau 7, monde de rêves, monde
imaginé qui parfois n'a aucun lien avec le concret. A ce
niveau la possibilité existe qu'il y ait un lien volontaire, une
communication entre le monde matériel et l'Ame, le monde
des Charmes.

C'est ce qu'ils disent... et ils le savent par expérience
personnelle.

C'est ce que nous disons... le savons-nous ? cet auteur, que
sait-il ?

Nous imaginons quelque chose, et cette image est supportée,
au moins pour un instant par une activité concrète,

l'activation de quelques neurones :

Et donc, cette idée est concrète, matérielle.

Etant concrète, cette idée a son propre Charme, charme qui est représenté à chaque niveau de l'Ame.

Tout ceci nous entrainerait fort loin, brûlerait bien du temps.

Laissons ce plaisir aux chercheurs à venir.

Ce qui nous parait important c'est qu'on prenne conscience qu'il y a un lien entre l'âme, le monde des Charmes, et le monde matériel, lien qui peut être volontaire.

Avec tout ça en tête, la décision que nous prîmes plus tôt de dire 'Nous' au lieu de 'Je' semble justifiée.

Il y a tant de sources d'information, tant d'entités peut-être, tant de traces mentales actuelles, de traces de pensées du passé tout entier qui pourraient intervenir dans notre choix du rêve présent qu'on ne peut pas être sûr de ce qui est nôtre, de ce que nous sommes, ni même vraiment, de ce qui est.

Il est difficile de se convaincre que notre personne, notre personnalité, nos pensées sont exclusivement nôtres.

Ce raisonnement est la venelle d'accès à l'ésotérique, au monde des facultés – des pouvoirs disent-ils – que, selon les traditiones occultes, nous avons tous : télépathie, guérison par la foi, prémonition, bénédictions et malédictions, liens avec des entités célestes…

Et bien sûr, portail pour étudier les religions, leurs contenus, leurs valeurs, leur efficacité et la possibilité que Si ! elles correspondent à quelque chose.

Nous parlons de tout ça dans l'autres textes et conférences, nous n'allons pas le répéter ici.

Selon notre modèle – et par expériences propres – tous ces liens existent, dissimulés au sein de nos idées, de notre quotidien, liens avec les messages, les ondes qui circulent en Ga sans interruptions, ondes de toutes sortes de sources.

Ces liens sont ténus et le plus souvent totalement inconscients. Mais notre modèle enseigne clairement qu'il est possible de connaitre et d'agir sur l'univers par influence de nos pensées en utilisant les structures physiques de notre cerveau de chair.

Nous disons 'agir' parce que la relation est réciproque. Nos idées ont le potentiel de changer le monde.

Mea culpa, mea culpa, mea maxima culpa ... (ideo precor ...) laissant la suite aux latinistes.

Dans Kein Stein nous avons affirmé que rien de concret n'existe vraiment, rien d'indépendant, rien de plus que des ondes en RET.

Mais après plus de méditation encore, plus d'information, nous nous sommes rendu compte que si ! il y a des 'objets' qui circulent dans l'espace, libres ; les Vis sont réels, concrets et ne sont pas prisonniers des limites des granules, ils semblent passer d'un granule à un autre…

La question du Vi n'est pas tout à fait réglée. Il reste du

travail pour les spécialistes.

Au contraire des descriptions de l'univers que fait la Scifi, notre modèle est facile à imaginer et son évolution simple à suivre.

Quand le Vi entre dans un granule, le photon avance, le granule gonfle.

Quand le photon passe au granule suivant, le granule reprend sa forme antérieure.

Les granules qui ont perdu leur Vi ont un volume plus petit : ce sont les manques.

Et maintenant, que dire de Mu ?

Mu c'est le remplissage de Ga.

Mu peut être vu comme la colle entre les granules.

La forme de chaque granule change sans arrêt, que ce soit parce que ce granule participe au déplacement d'un photon, ou que ce soit causé par des ondes en Mu. Tous les changements qui arrivent dans le Ga sont transmis mécaniquement au Ga tout entier.

C'est de ça que nous parlons quand nous décrivons la gravitation ; et aussi quand nous décrivons la relaxation progressive du RET, relaxation généralisée, f(t).

Les altérations sont surtout des ondes sans limites rigides. Ces ondes en Mu se déplacent à une vitesse supérieure à la vitesse de la lumière, la vitesse supraluminique.

En Mu, l'information est analogique.

Ces ondes font que toutes les aires du Ga communiquent.

Elles sont filtrées par les niveaux de l'âme et sont responsables des communications que rapportent certains visionnaires, vision de la Création par exemple.

Et aussi, à un niveau plus humain, visions télépathiques entre individus dans certaines crises humaines, ainsi que prémonitions.

Nous sommes bombardés par cette information relative au présent, à l'éloigné et à l'avenir mais nous n'avons pas tous la faculté de nous en rendre compte ni celle d'interprêter correctement.

Quand nous disons 'l'avenir' nous n'impliquons pas que l'avenir est fixé, écrit, certain…

Comme nous l'avons expliqué il y a quelques quarante ans, ce dont les visionnaires et prophètes peuvent être informés, avertis ; c'est le futur le plus probable… ce qui n'est pas exactement la même chose que l'avenir.

Principe d'incertitude de Heisenberg… qui s'applique. Notre modèle, notre description concrète, géométrique l'explique facilement : un photon peut passer par un point déterminé à moins que ce point soit justement occupé par un autre quantum.

Les granules ne tolèrent qu'un photon à la fois.

Si le point prévu n'est pas libre, le photon est dévié et l'avenir prédit n'a pas lieu.

Il n'y a que très peu de 'visionnaires' qui gagnent

régulièrement le gros lot.

Comme les charmes des divers Mois filtrent différemment les informations, l'expérience, la 'révélation' qui peut surgir de la méditation est d'autant plus abstraite que l'investigation est plus profonde.

C'est ainsi qu'au bout de toute quête la solution d'un problème peut n'apparaitre qu'en atteignant la zone la plus profonde, la zone de simple dualité, où tout est Yin ou Yang.

On y obtient une solution symbolique qui nécessite une interprétation… rien de facile comme l'ont découvert les alchimistes et la Cabbale.

15. Le monde : pourquoi ? et pour quoi ?

Ou si vous préférez : warum ? et wozu ?

Pendant plusieurs nuits, récemment, j'ai rêvé de ma sœur Nicole décédée il y a une quinzaine d'années. Nous étions assez proches. Je n'ai pratiquement jamais rêvé d'elle. Ce rêve, pourquoi ? pour me dire de terminer ce livre rapidement pour aller la rejoindre bientôt ?

Ce qui nous permet de toucher légèrement le concept de réincarnation.

Et puisque nous en sommes à ce thème, le sujet du but de l'existence individuelle, méditons un instant sur l'existence d'un quelconque Créateur et sur la cause de l'évolution.

Nous avons mentionné au début que la Création débuta lorsque Oom et quelque corps extérieur sont entrés violemment en contact.

Ce 'quelque chose ' extérieur nous avons suggéré de l'appeler

« A »

Mais comme nous l'avons dit, vous pouvez l'appeler Dieu

ou l'Eternel.

Dieu le Père ? et pourquoi pas Dieu la Mère ?

Parce que la Mère, dans cette création, c'est Oom. Son contact avec « A » lance une onde double, qui monte et qui descend, qui étire et qui comprime, qui aspire et qui génère photons et manques.

C'est la Mère qui crée, plus exactement en qui se forment la réalité et la dualité.

Le Géniteur, « A », nécessairement, est impair. On peut voir en lui le Père

mais en réalité il est seul, isolé.

Il n'est ni mâle ni femelle.

Cependant son intervention créatrice, sans doute aucun, est celle d'un mâle. Il est mâle parce qu'il est le complément de Ga et que Ga est la Mère, ce dont qui toutes formes seront créées.

Et c'est de Ga, de la Mère, de la substance malléable que sortiront les créations. C'est elle qui fait qu'il y ait deux types d'humains biologiquement complémentaires, un mâle et une femelle.

Si on veut le comparer à des créatures vivantes, c'est lui l'actif, celui dont l'intervention en elle cause la formation de haut et de bas, de pair et d'impair, toutes choses hors d'atteinte de la Mère.

Lorsqu'elle est seule, elle ne peut créer que des numéros

pairs, pas le moindre 1, 3, 5 …

Les argumentations sociales actuelles sur ces thèmes sont probablement nécessaires.

Il nous reste toutefois, la liberté de croire en un quelconque Créateur.

Nous pouvons altérer légèrement une prière commune :

Je crois en Dieu, l'impair tout-puissant

Créateur du Ciel et de la Terre…

Passons au thème de l'évolution. A nos yeux, il est primordial.

Au cours de notre vie toute entière, dans de nombreux textes publiés ou pas, nous nous sommes confrontés à ce même thème et nous sommes arrivé, chaque fois au même type de conclusion.

Commençons par la Question : l'évolution, dans quel but ?

Nous allons prétendre que ce qui arrive sur notre terre est d'importance primordiale pour l'univers entier … position quelque peu ethnocentrée.

Il est évident, et probablement vrai qu'il y a évolution.

Au début, rien qu'une onde d'énergie qui interromp le sommeil de Ga ; progressivement apparition de formes capables de s'adapter aux changements qui s'encbainent.

Pourquoi le petit caillou s'est-il mis à vivre ?

Pourquoi s'est-il mis à penser au point d'inventer des machines qui pensent. ?

… résultat qui semble indiquer que penser est important pour l'univers.

Important en quoi ? important pour qui ? dans quel but ?

Comme nous l'avons souligné il y a pas mal de temps, rien ne sort de rien, les choses sont latentes, puis manifestées.

Si la faculté de penser apparut dans un monde originellement sans objets et sans mouvements – tohu bohu dit la Genèse – c'est probablement qu'elle existait, était manifestée quelque part, en quelque ailleurs, faculté qui ne ferait donc que se reproduire, s'exprimer.

Et cette volonté de vivre, cette volonté de penser, créera de plus en plus de variétés… où était-elle tapie, où était-elle muchée ?

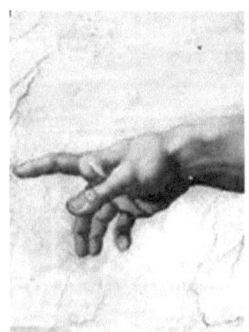

Où était ce projet avant le début de la création ? avant le BB ?

Serait-il issu du néant ? nous en doutons, mais nous admettons que ce doute est un acte de foi : c'est aussi plus logique.

Retournons à la case départ, le point zéro.

16. Dieu le Père, Dieu la Mère ?

Soudain, de l'énergie dynamique envahit Ga, en quantité suffisante pour former tout le concret qui s'observe ; ce n'est rien que de l'énergie, de l'agitation.

Il y a un point qui mérite que nous y revenions : c'est au sujet du photon en particulier : l'Energie nécessite un support.

Ici, au début, pas de problème, le support au début c'est « A » ; et ensuite c'est le Ga tout entier.

Mais, comme il y a une évolution qui semble être dirigée, nous percevons qu'il y a une force additionnelle, une force créatrice et une force évolutionnaire, un programme qui accompagne et module l'énergie créatrice.

Nous nous sentons poussés à imaginer qu'un tel programme a été introduit, porté par l'énergie créatrice, par Eros.

Nous pouvons imaginer que l'aire de contact entre Oom et « A » était une sorte de cachet, de sceau qui communiqua un modèle, un patron qui allait guider l'évolution.

Alternativement, nous pouvons imaginer qu'il y avait, en Oom, la semence de l'évolution, la graine de la vie et de la pensée, un patron complet, un spectacle, un feu d'artifice attendant, espérant, souhaitant peut-être l'étincelle initiatrice, une graine dans le sol, atttendant la pluie.

Dans ce cas, Eros ne serait rien de plus qu'une allumette ou un sylex, ou une goutte.

Aucun des visonnaires du passé n'a suggéré telle situation. Nous n'arrivons pas à faire mieux.

Pour maintenant, qu'importe.

Ce programme, quelle que soit son origine, circule en Mu ; en Mu circulent aussi les harmoniques de ce programme, du « **patron** ».

Le programme et ses harmoniques sont filtrés, tamisés par les divers plans de l'âme de chacun. Ils ont quelque influence sur nos vies. Sont-ils reconnus ?

Et avec ceci nous entrons dans le terrain difficile des révélations, des croyances et des religions.

Ces histoires, ces contes, ces fois, ces enseignements, que valent-ils ?

Il y a trois facteurs distincts dont il faut tenir compte :

1. Il y aurait des visionnaires percevant clairement ces signaux, et ceci depuis le début des temps.

2. L'Homme est poussé à dire n'importe quoi pour motiver une foule à le suivre.
3. L'Homme est programmé pour avaler n'importe quel conte et pour suivre des ordres.

Des signaux directeurs indiquaient – ou portèrent à croire en l'existence de quelque créateur qui s'est éloigné de son œuvre immédiatement après la fécondation de l'Oom.

Il n'est pas de ce monde, le prier ne sert à rien.

Tous ceux qui croient en lui peuvent l'adorer comme modèle de perfection.
Il féconda Oom qui est perçu comme la Mère.

Marie mère des Anges.

Les plus puissants de leurs enfants sont les dieux des religions anciennes, Dieux que les religions méditerranéennes ont rabaissé aux rang d'Anges.

Toutes les entités spirituelles sont des ondes éternelles en Mu et par suite aussi dans le RET et pour cette raison forces qui – qui sait ? – participent à notre vie.

Nous nous garderons d'avancer plus avant dans ce territoire. Le lecteur est libre de s'y immerger.

Que des entités soient capables ou non de participer à nos vies, qu'elles appuyent nos suppliques et nos gestes, notre modèle dit que – Si ! – c'est possible.

Dans Hawking nous indiquons que nous sommes en train de pénétrer dans le Jour 6 de l'évolution humaine, periode pendant laquelle ce qui importe c'est la connaissance et le bien-être.

Le centre psychique le plus actif pendant cette période est celui du front ; ce qui facilitera l'usage de Jnana yoga ; un processus pratiquement hors d'accès quand la connaissance du monde matériel était encore dans son enfance.

Nous, nos textes, pourraient être le début.

Si nous observons la situation actuelle d'un point de vue hindouiste ; nous sommes au début de l'Ere de Çiva.

C'est de ça que parlait Aurobindo.

Allez : un peu d'hindouisme !

Le concept courant c'est que Çiva est le dieu de la mort et de la desctruction. En réalité il y a plusieurs formes de Çivaïsme. La plus connue, celle de son rôle fatal est l'opinion commune à New Dehli ; et donc celle de Vichnouistes, mouvement qui ne considère pas Çiva comme dieu suprême.

Dans d'autres mouvements Brahma introduisit la Vérité qui doit être établie par cette manifestation, cette création. En premier, Brahma lit les Védas.

Ensuite le monde commence à se faire ; période de création et d'évolution avec toute la violence et la destruction nécessaires.

Progressivement la Vérité s'établit, se matérialise. C'est une période durant laquelle Vichnou, Rama, Crichna prédomine.

La fonction de tout cela est l'organisation de la perfection, ce qui est le but de cette Création.

A mesure de l'avancée du règne de Vichnou, le monde s'améliore, il y a moins de destruction, moins de poussière, moins de saleté. Maintenant on peut entrevoir, à peine au début, la représentation de la perfection, le Guide, Çiva.

Çiva commence à être visible non pas parce qu'il est en train de gagner, mais simplement parce que l'air se nettoie de sorte qu'il devient visible. Il était là tout le temps.

Y a-t-il un programme en Oom ? l'évolution est-elle le résultat de l'interaction de deux programmes ?

L'influence de la Mère est absente des descriptions parce que, quand elles ont été écrites, la conception et la reproduction étaient vues comme en agriculture. La plante croît à condition qu'on ait planté la graine.

La Terre est essentielle, mais elle n'est qu'aliment, elle n'apporte rien d'essentiel au processus de reproduction. Et en fait, les graimes peuvent pousser dans l'eau, pas besoin de terre.

Les visionnaires qui décrirent la création le firent en se servant du modèle qu'ils connaissaient par observation et expérimentation.

Aucun visionnaire ne mentionna l'intervention de la Mère au début des choses. Au contraire, il était évident que les nouvelles plantes n'apparaissent qu'après l'introduction de la semence vivante dans un sol inerte.

La Terre est la Mère, mais elle n'est pas capable d'initier la vie : c'était évident et bien établi expérimentalement.

Ce n'est qu'en 1827 que l'ovule fut découvert. La pénétration du sperme dans l'ovule ne fut observée que 50 ans plus tard, dans l'étoile de mer.

La reconnaissance que la mère apporte la moitié des gènes dans la conception n'a que deux siècles.

Ce qui ne veut pas dire que, avant le BB, de toute éternité, Oom n'avait pas son propre programme, espérant patiemment avant d'intervenir dans la construction du monde.

En fait, nous pouvons argumenter que tous les programmes se trouvent dans la Mère, et que le Père ne fait rien de plus que bouter le feu à la chaudière du train de la création.

Reconnaitre un rôle à chacun est probablement plus juste et même politiquement acceptable.

Qu'on choisisse ce qu'on préfère.

Il est tout à fait possible que j'ai reçu un message de ma sœur, mais ça ne signifie pas qu'elle soit le moindrement en vie.

En fait, à y repenser, j'en ai rêvé deux fois : la première je l'ai associée à un problème de santé, besoin de boire plus avant de me coucher. La seconde m'a incité à chercher, mais je ne l'ai pas fait assez fortement pour découvrir ce qu'une analyse de sang vient de m'apprendre : je suis pré-diabétique.

Ma première interprétation était incorrecte ; d'où la

deuxième visite ?

Si je l'avais compris plus tôt, la maladie n'aurait pas avancé autant. Merci Nicole, tu as fait ce que tu pouvais.

Ces rêves supportent notre description de l'univers : sa personne a laissé des traces en Ga. Tout, en fait, laisse des traces, les évènements probables à venir en laissent aussi.

Pourquoi en Rêve ?

Notre cerveau, comme notre corps, comme l'univers entier est soumis sans cesse à des ondes, à des informations mais pendant la journée notre attention est fixée surtout sur les plans superficiels, soit le monde matériel où nous sommes, soit le monde que nous sommes en train de composer volontairement.

Dans le cas de certaines personnes, dans certaines circonstances les messages sont perçus consciemment dans le courant de la journée, mais ce n'est que rarement le cas.

Il y a des seuils entre les divers plans de conscience, et durant les stages du sommeil ces seuils changent. C'est l'occasion de connaitre, d'être influencé par des messages faibles, des informations parfois importantes.

C'est un processus universel qui aligne, harmonize la pensée vive avec les mémoires d'humains passés, résonnance générant éventuellement la foi en la réincarnation.

Notre modèle ne supporte pas le concept de réincarnation, mais supporte absolument la croyance en lectures de pensées distantes, lointaines dans l'espace et distantes dans le temps, passées ou futures.

L'évolution actuelle des observations quantiques facilite l'acceptation et l'expérimentation des prétentions les plus ésotériques.

Les traces de sa vie peuvent facilement générer des idées en moi ; en absence de décision de sa part – elle est morte – pour la simple raison qu'il y a des resssemblances entre ses idées ou quelque chose de son existence et certaines situations dans ma pensée ou dans mon avenir.

Vraimant, pendant des mois, je n'ai compris en rien le sens de ce message.

En ceci, en la clairvoyance, la télépathie et le reste, l'interprétation est essentielle.

Essentielle, oui !, mais pas primordiale parce que, avant de se préoccuper à connaitre le message, il faut d'abord que le message ait été perçu.

Le récit de Joseph et des prisonniers est une bonne illustration de la chaine de l'information.

Il manquait aux rêves des prisonniers leur interprétation. Sans interprétation ils n'avaient aucune valeur.

Et ensuite les rêves du Pharaon avaient le même besoin pour révéler l'avenir des quatorze années suivantes.

Il y a, dans cette histoire, toutes sortes d'information sur ces propriétés humaines.

Si Joseph n'avait pas été en prison, personne du palais

n'aurait su qu'il savait interpréter les rêves.

Comme c'était en prison, et non dans la rue, le pharaon en fut informé. Le pharaon, apparemment était capable de faire des rêves prémonitoires. Comme l'interprétation lui a permis de gérer au mieux, le pharaon a libéré Joseph et lui a donné une excellente position,

Position sociale qui a permis une amélioration considérable du statut et de la vie des parents de Joseph, le peuple élu…

Etc…

17. Hante

Grâce à l'éclairage apporté par notre modèle sur de grands territoires, nous pouvons facilement nous oser à l'analyse de divers systèmes de croyance.

Territoire intéressant et important. Dangereux également, d'autant qu'il y a encore des gens qui tuent au nom des croyances qu'on leur a inculquées.

La description de l'univers présentée ici par la B-Cadémie entre dans le domaine de la philosophie.

Parmenidès supporta le **ex nihilo nihil fit,** mais les Chrétiens préfèrent une création **ex nihilo**, à partir de rien.

C'est l'opinion officielle du Christianisme nous dit Wikipedia. Nous la trouvons surprenante car elle contredit clairement le premier chapitre de la Genèse.

Nous nous répétons une fois de plus.

Ceci, nous l'enseignons très clairement dans nos textes antérieurs. La physique moderne se balotte entre ces deux rives quand elle présente la matière comme issue de nulle part.

Notre description touche aussi le

cogito ergo sum de Descartes

phrase qui veut dire, plus ou moins

je pense et c'est la preuve que j'existe ;

qu'il y a autre chose que le rêve.

La philo c'est un plaisir, une jouissance !

J'aimerais passer un peu de temps à argumenter un côté puis l'autre.

Etendons notre description et touchons les croyances plus profondes et plus anciennes.

Nous avons mentionné que notre modèle appuie la majorité des 'pouvoirs', pouvoirs magiques que certains affirment être leurs, habilités rapportées déjà dans les plus anciens écrits, croyances et facultés connues et exprimées par les cultures les plus primitives.

Nous savons qu'il faudra du temps à cette créature psychologique – la Science – avant qu'elle lâche les amarres et se risque plus avant dans la réalité.

Nous effleurons le sujet du « A » et celui de Oom, les deux éléments de la création.

Il n'est pas encore possible d'en savoir plus à leurs sujets.

Mais ? et la magie ? et les pouvoirs magiques ?

La mode de nos jours est à la méditation… en fait, c'est utiliser les techniques décrites et utilisées par toutes les religions, mais avec des ambitions plus limitées.

Nous utiliserons le mot Méditation dans son sens actuel. Nous avons dit plus tôt que méditer c'est toute façon de penser sauf rêver. Négligeons son sens plus profond et utilisons-le dans son sens tronqué.

Les gens ? qu'est-ce qu'ils veulent ? une meilleure santé, une vie plus longue, plus de richesse, plus de jouissance et, peut-être, meilleur post-mortem.

Il y a des 'écoles' spécifiques pour chacun de ces buts.

Pour la santé et le bien-être physique, le numéro un est le Yoga.

Bien sûr, en lisant Yoga on pense tête sur les genoux et équilibre sur la tête, ardhamatsiendrasana…

Ça nous donne la santé ?

Le spécialiste du Yoga le plus connu est Paranjali. Que dit-il ?

Yoga est la suppression des activités de la pensée.

(yoga tchita vrti nirodah)

Comment y parvient-on ?

en restant tranquile, **assis de manière confortable**

(voir l'image)

il est loin des assanas tordus et douloureux !

Peut-être un peu de contrôle de la respiration et surtout

Fixer l'esprit sur l'Absolu ou sur Aum, le Pravana, dit-il.

Mais qu'est-ce qu'il en sait ?

Le Yoga c'est commerce et mode.

Le but n'est pas de se faire embaucher par le Cirque du Soleil.

Même le hatha yoga c'est plus que ça. Les postures, les assanas sont bons pour certains, mais ces exercices n'apportent pas grand-chose dans la maitrise de notre esprit.

Buddha, finalement, après de nombreuses années de

pratique, rejeta le Yoga et la misère physique qui l'accompagne… c'est cette ultime décision qui le libéra.

Un autre groupe qui se dédie à l'enseignement de la méditation le fait pour aider à trouver la paix intérieure en ne pensant à rien.

Pleine conscience …

Et finalement, l'autre groupe qui enseigne la 'méditation' le fait pour influencer l'univers et obtenir ce qu'on désire.

Occupons-nous de cette ultime catégorie, elle est assez proche de notre description du monde.

Pensons à l'âme, aux Mois, aux Charmes.

Les divers Mois et les charmes qui leur sont associés sont soumis à tous les signaux qui circulent en Ga.

Ça, nous l'avons déjà vu. Ces signaux stimulent les éléments ; et comme les divers Mois ont des tailles, des calibres distincts, les signaux complexes sont analysés et s'associent à la pensée sous formes de messages simplifiés.

Ce que, ici, nous appelons 'pensée' c'est à peu près le Tchita de Patanjali. C'est ce qui génère et connait nos idées… N'allons pas nous lancer dans un étude plus complexe.

Et donc, les divers aspects de l'agitation de Ga parviennent à cette aire où les idées sont projetées et connues, ce que nous nommons, temporairement, le **Niveau 7**.

C'est à ce niveau que les ondes analysées participent à la formation de l'idée présente.

Cette idée présente est faite principalement de l'idée que nous avions immédiatement avant, y intégrant les informations des organes sensoriels....

Nous ne nous lancerons pas dans les détails, les choses sont beaucoup plus riches que le niveau présent.

Cette union avec des messages et avec de l'information du reste de l'univers – souvenirs, analyses de l'avenir, signaux des Dieux et 'esprits', c'est ça qui peut offrir prémonitions et clairvoyance.

Finalement, s'unissant à cet ensemble, certaines de nos idées, de nos contructions mentales, celles qui sont assez fortes et assez durables parviennent à influencer le monde matériel, pas toujours directement, parfois renforcées par la pensée d'autrui, de nos fidèles.

Nous appelons **Hantes**

une catégorie spéciale de Charmes,

ce sont des Charmes créés mentalement, par la pensée, volontairement le plus souvent.

Toute pensée est portée par l'activité de neurones, elle est donc matérielle.

Etant matérielle, elle est accompagnée d'un charme.

Dans la plupart des cas la pensée est légère et de courte durée, mais ce n'est pas toujours le cas.

Si au contraire, volontairement ou non, elle dure et est intense ; elle est représentée par un charme puissant.

Aristote et nous

Bénédictions et malédictions sont des Hantes.

Certains guérissseurs utilisent, créent des hantes.

Ces hantes altèrent la distribution de l'énergie dans un ou plusieurs plans de l'âme du patient, changement de distribution qui se communique au système nerveux.

Le thème de la guérison, il faudrait l'étendre, plus tard peut-être en causeries. Entre autres choses je suis médecin.

Dans la situation actuelle où des extrêmistes cherchent à conquérir le monde, il nous semble nécessaire d'ajouter quelques lignes.

Il est possible d'entrainer l'esprit à se fixer sur idée simple et courte. C'est ce que les séminaires par exemple tentent d'obtenir de leurs élèves, afin de former des prêtres capables de perpétrer la guérison par la foi. Bien entendu c'est plus facile pour certains.

Il y a un groupe humain qui le fait vraiment sans efforts, les patients psychiatriques, ceux qui souffrent de schizophénie en particulier, on a observé qu'ils arrivent facilement à entrainer bien des gerns à se joindre à leur vision du monde ; effet partiellement par hante.

La conversion dans tel ou tel groupe social – le plus souvent religieux – est facilité par des hantes créés par le missionnaire.

Nous n'irons pas plus loin dans ce domaine ; mais nous pourrions le faire sans difficuleté.

Dans le cas de l'influence par hante, l'idée, le message

traverse l'âme qui est un filtre et se propage dans le Ga. Elle sera attrappée par l'âme de voisins, et principalement par l'âme de ceux à qui elle est destinée.

L'hante nait dans la pensée d'un individu et est exécuté par un ou plusieurs autres.

Les hantes peuvent être générés dans le but de protéger un territoire, une maison par exemple.

Ils sont créés dans un état de forte excitation. Dans ce cas, l'hante, dans bien des cas, contient de l'information sur l'environnement matériel. Ce lien peut être presque permanent et c'est ce qui a généré les histoires de maisons hantées.

En réalité, bien des lieux ont cette réputation, mais le fantôme, dans la mesure où il en eut jamais un, le fantôme s'est dissipé depuis longtemps.

Quelques mots sur les malédictions : un hante négatif peut être fixé sur une maison, une pièce, lieu associé à l'idée, à l'éxpérience, à l'aspiration changée en hante.

Comme le lieu où l'hante a été formé est inclus dans la pensée-cause de l'hante, le charme de ce lieu est inclus dans l'hante et peut rester lié à ce lieu même après que l'auteur de la malédiction ait péri.

Cette malédiction peut être éliminée facilement :

Exorcisme simple.

Comme maintenant notre modèle enseigne le principe et la probabilité qu'il y ait des hantes, la recherche scientifique démarrera et le démontrera aux sceptiques.

C'est puissant, c'est facile. Est-ce dangereux ?

Pour donner un exemple de la foi catholique qu'il y a de tels enchantements liés à des constructions ; les églises sont consacrées une fois pour toutes. Si la structure doit plus tard être vendue ou rasée l'hante qui y est associé doit être éliminé ; ce qui nécessite un autre rituel par un évêque : une déconsécration.

C'est un ensemble de cérémonies commun à la plupart des systèmes de croyance.

C'est si courant que toutes les religions du monde tentent de lutter contre leur utilisation, en fait seulement contre leur potentiel négatif, et en même temps s'efforcent d'en utiliser les effets positifs autant que possible.

Cet effet, combien de temps se maintient-il ?

Ce qui nous entraine directement aux religions et spécialement au Christianisme qui affirme qu'un hante unit Jésus à ses disciples, et ensuite unit ces disciples aux leurs, associant ainsi à Jésus ces nouveaux venus.

La plupart des traditions affirment qu'un tel phénomène permet de maintenir le contact entre le fondateur – Jésus dans ce cas – et les membres de cette communauté.

La flamme passe d'une bougie à la suivante.

Ceux que nous appelons Chrétiens sont les fidèles de religions de successions apostoliques : catholiques de toutes sortes, orthodoxes, anglicans etc.. tous courants initiés par des évêques consacrés selon les règles.

Par contre, les autres religions qui utilisent le nom de Jésus sans y avoir été associées spirituellement dans les règles ne sont pas en relation avec Jésus : c'est le cas du mormonisme – invention curieuse - mais aussi des évangélismes.

Ce qui ne veut pas dire que ces mouvements n'ont pas d'influences positives.

Il n'est pas possible d'être tout à fait sûr que les religions apostoliques soient véritablement en contact avec Jésus et avec son état divin, Gabriel, sûr que le contact n'ait pas été interrompu, mais il est certain que les autres religions ne le sont pas.

Il faudrait quelques chapitres, mais ce n'est pas le lieu.

Nous venons d'aller un peu loin, il conviendrait de le justifier, mais ce livre-ci doit être achevé.

Nous ne nous y lancerons donc pas.

Tous le Gourous, c'est ce qu'on croit, tous sont capables de quelque chose du même ordre, tous proclament que leur pouvoir nous approchera du paradis, de l'avenir parfait.

Nous avons fait tout le tour.

Il reste peut-être un petit quelque chose.

Bien, c'est assez !

Rien d'autre ?

Résumé : Nous avons pensé que nous avions tout décrit, que nos jours d'écrivain étaient terminés, mais il semblerait que ce n'est pas tout à fait le cas.

Cependant, le rythme de production a considérablement diminué et peu de nouveauté en sort.

La façon dont la B-cadémie procède pour décrire la création etc… nous permet de nous unir à de nombreuses traditions, et nous condamne à en rejeter la majorité.

Il n'y a pas eu de création à partir de rien, ex-nihilo ; nous avons l'Ailleurs, Oom et « A ».

Le christianisme choisit une théorie ex nihilo : la Genèse, dans son premier chapitre présente au contraire :

Les dieux Elohim, les eaux surlesquelles vole un Esprit … un lieu où règne Tohu Bohu, soit pas d'objets, pas de mouvement…

Ça fait trois facteurs présents avant qu'il y ait de la lumière.

Pour nous il y a Oom qui est Yin, double, et « A » qui est Yang.

Pour ce qui est de l'énergie, nous avons Eros du côté Yang, et Thanatos du côté Yin.

Eros est introduit par Yang, par « A ».

Thanatos est déjà présent en Oom, dans le Ga.

Et pour l'origine de la biologie, nous avons l'axe, le pieu côté Yang

Et la gaine, le tube, côté Yin.

L'axe, sans aucun doute est yang ; et nous supposons qu'il est introduit par quelque patron.

Le tube, de son côté est yin et nous soupçonnons qu'il est guidé par quelque patron, lui aussi, patron qui serait présent dans la goutte, dans Oom.

Notre modèle enseigne que le RET tout entier a été étiré et donc comprimé par la formation de matière, et qu'il se détendrait progressivement.

La formation de matière a causé le ralentissement des photons comme nous l'avons vu en analysant l'effet de la gravitation sur la vitesse de la lumière.

La relaxation du RET causée par l'accroissment progressif de l'entropie entrainerait une accélération progressive des photons ; ce qui explique les phénomènes décrits par Einstein, et en particulier le fait que le temps semble être une quatrième dimension.

Nous laisson au lecteur le plaisir de représenter cette succession d'évènements, une vague qui crée une montagne, une montagne qui progressivement se réduit à poussière.

Les notions Thanatos, Eros, fin du monde… tentant tout ça.

Nous n'irons même pas y jeter un coup d'œil.

Livres antérieurs

C'est en les écrivant que nos découvertes se sont faites.

Livre Numéro 1

C'est en écrivant ce livre que, enfin, la Gravitation a été comprise, lorsque les Manques altérèrent l'uniformité du RET, de l'écume quantique.

Livre numéro 2

C'est dans ce livre que la formation du monde fut décrite

à commencer par le photon .. plus avant, l'autre monde.

Depuis les manques, l'ombre de la matière

Les ombres des Hommes

Jusqu'à l'âme et la suite.

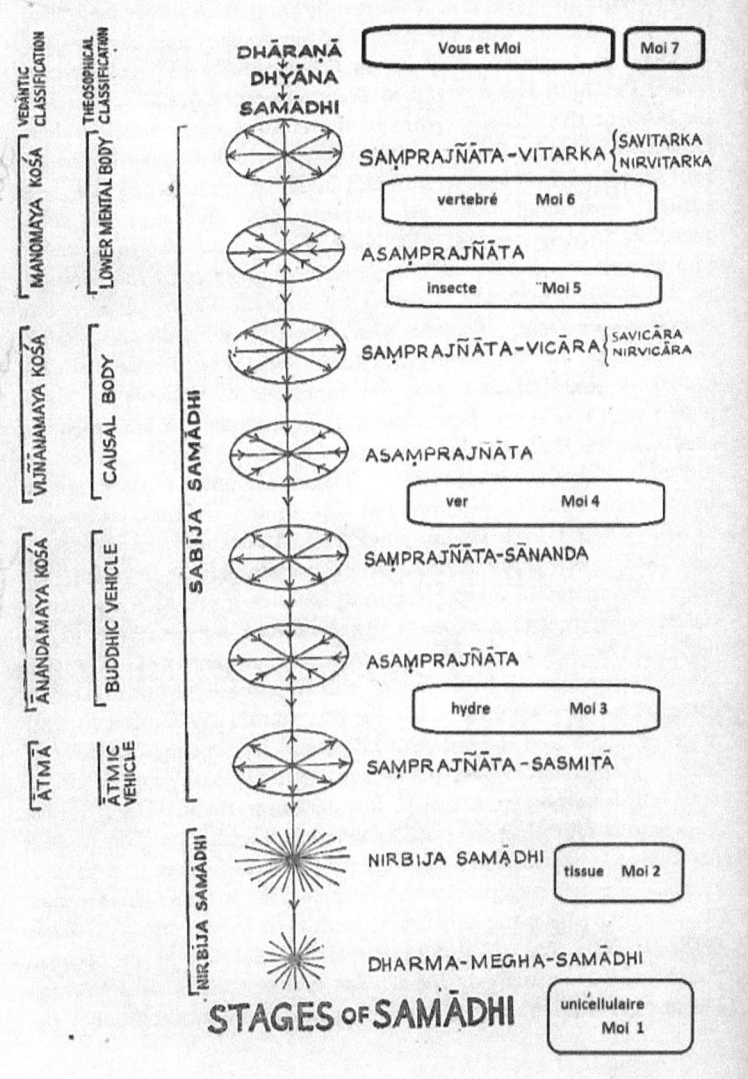

whole technique of *Yoga* there is no reason why we should not take advantage of the knowledge which is available to us.

In the following diagram are shown the different stages of

STAGES OF SAMĀDHI

Correspondances entre Science of Yoga de I,K, Taimni p. 38 et notre classification en Mois et étapes évolutionnaires.

DR. BRUNO P H LECLERCQ-LEVEILLE

Né le 7 Janvier 1937 à Paris ; France
Médecin
Licencié en Psychologie
MBA
Recherche publiée en neurologie

Ptofesseur de yoga
Professeur de Aiki O Do -6ème dan
Livres sur le Yoga ; sur la Respiration
Recherche sur la Nofrique et la Sufrique
Recherche sur la formation du gnathostome
Recherche sur métaphysique
Recherche sur Méditation
Recherche sur l'évolution

www.ingramcontent.com/pod-product-compliance
Lightning Source LLC
Chambersburg PA
CBHW030648220526
45463CB00005B/1681